U0180728

千里远景，如在尺寸之间。

明清饮食

御膳·宴饮·日常食俗

伊永文 著

中国工人出版社

目 录

CONTENTS

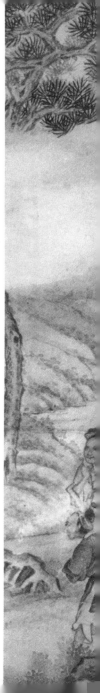

宫廷御膳

由于明清步入中国封建社会长廊的末端，世代累积起来的文化模式和物质财富都达到了非常成熟的程度，皇权得到了空前的巩固和加强。作为至高无上的中央集权制度的构成部分——宫廷御膳，于明清也达到了登峰造极、无以复加的地步。

就如同故宫每座大殿上的蟠龙宝座，都自然坐落在全城的中轴线上一样。御膳也要保持着天下饮食的最高水准，源源不断的上乘动物、植物原料的贡奉，具有独擅绝技的烹饪高手的征集，名目繁多的筵宴和严密的用膳"分例"，深邃、宽阔、高大的殿阁中的宴会井然有序……使明清宫廷御膳成为物质和精神、科学和艺术较为和谐的系统运作流程。

以皇帝为首的皇族，就好像按照一定程序行进的机械偶人。他们日复一日、年复一年品尝御膳，逡巡其间，对他们来说，御膳除了具有保健、益寿等生理感官享受外，更是一种法定的遵照形式。事实上，御膳也的确成为紫禁城这个大舞台上的一件道具，成为明清两朝政治生活有机的一部分。

明清两朝初期，统治者由于都是亲临战乱，或亲睹百废待兴的局面，便格外珍惜来之不易的河山。故在他们掌权期间，首先在饮食生活上实行节欲从俭的措施。有人记录道：明洪武中，亲王妃日支羊肉一斤，牛肉既免，或免支牛乳。皇帝的御膳亦十分俭约。[①] 明清史家商鸿逵在北京大学图书馆看到清康熙末雍正初这一时期的《光禄寺吃食钱粮等项数目表》档册，其每月的开支不超过四千两，少则六七百两。[②]

　　但是，这只是相对而言。皇帝所拥有的天下第一人的身份，饮食再节俭也是要以享尽天下美味为宗旨。据记：明太祖朱元璋一夕不睡，召一大臣说他"欲燕上天二十八宿"，那位大臣也能以对，回答道：

---

① 徐复祚：《花当阁丛谈》卷一《物价》。
② 商鸿逵：《论康熙》，《社会科学辑刊》，1980；左步青：《康雍乾三帝评议》，紫禁城出版社，1986年版。

昂奎用酪，毕用鹿肉，觜用根及果参，牛用醍醐，斗井鬼用粇米华和蜜，柳用乳糜，星用粳米，乌麻作粥，张用毗罗婆果，翼用煮熟青黑豆，轸用莠稗饭，角氏用诸华饭，亢用蜜煮绿豆，房用酒肉心，危用粳米粥，尾用诸果根作食，箕用尼拘粳皮汁，女用乌肉，虚用乌豆汁，室用肉血，壁用肉，娄用大麦饭并肉，胃用粳米、乌麻、野枣。①列于二十八张金桌之上。

"二十八宿"所用并非贵重之物，但从中已可看出朱元璋胃口之高。封建王朝格局的限制，使宫廷御膳不可能按照朱元璋的主观意志由奢变俭，朱元璋也无法扭转和超越宫廷制度所给予他的活动范畴。在明朝初期的宫廷御膳讲究排场的倾向就已经呈现得十分完备。现以明代初期宫中"早膳"情景作一观察：

音乐奏起，皇帝在乐声中入殿，向南坐下，若

▶（明）朱邦 北京宫城图 大英博物馆藏

---

① 王文禄：《龙兴慈记》，《盐邑志林》。

同中宫供食，则设两案，否则设一案，旁置数案，宫人以次进餐。

所进食物有米食，如蒸香稻、蒸糯、蒸稷粟、稻粥、薏苡粥、西粱米粥、凉谷米粥、黍秫豆粥、松子菱芡枣实粥。

面食有：玫瑰、木樨、果馅、洗沙、油糖、诸肉、诸菜蒸点，发面、烫面、澄面、油茶面、撒面诸制。

膳馐有：牛、羊、驴、猪、狍、鹿、雉、兔及水族海鲜、山蔬野蔌。大都是熏、炉、烧、烹、炒之类浓厚肴馔。

还有远方贡品，如鲥鱼、冬笋、橙桔等。

它们一一陈设在皇帝面前，看皇帝用什么，其余移置别案。待皇帝用膳完毕，将皇帝所喜欢吃的数种食品赏给平日侍候皇帝的驯谨宫人，或曾经幸御的别院妃嫔，或赐予值日外殿中贵一二人，或用金盒"令小火者传餐"，以示恩宠。

明代皇帝的膳食，每日三次，中餐与晚餐水陆毕陈，早晨与中午不进酒，晚上则备酒。

早膳中还有一些民间时令小菜、小食。

小菜有：苦菜根、苦菜叶、蒲公英、芦根、蒲苗、枣芽、苏叶、葵瓣、龙须菜、蒜薹、匏瓠、苦瓜、蔊芹、野薤等。

小食有：稷黍枣豆糕、仓粟小米糕、稗子、高粱、艾汁、杂豆、干糗饵、苜蓿、榆钱、杏仁、蒸炒面、麦粥、莜粞等。①

这些根据季节所进的野菜、粗粮，时时必备。因为这是根据祖宗规制设立的，是表示"子孙知外间辛苦也"。摆上皇帝膳桌不过是做做样子，皇帝和嫔妃，每天都有不同的精美食品，怎么会对野菜、粗粮动一下筷子？

仅以在南京奉先殿为德祖帝后、懿祖帝后、熙祖帝后、建文帝后、永乐皇后等十一位皇后所常供的日常膳食为例：

一日：旸，二日：卷煎，三日：细糖，四日：巴茶，五日：糖酥饼，六日：两熟鱼，七日：蒸卷加蒸羊，八日：金花蜜饼，九日：糖蒸饼，十日：

① 宋起凤：《稗说》卷四《中外起居杂仪》。

肉油酥，十一日：糖枣糕，十二日：沙炉烧饼，十三日：糖沙馅，十四日：羊肉馒头，十五日：雪糕，十六日：肥面角，十七日：蜂糖糕，十八日：酥油烧饼，十九日：象眼糕，二十日：酥皮角，二十一日：髓饼，二十二日：卷饼，二十三日：蜜酥饼，二十四日：烫面烧饼，二十五日：麻腻面，二十六日：椒盐饼，二十七日：御荽，二十八日：芝麻糖烧饼，二十九日：蓼花，三十日：酪。

各种植物、动物食物则每月不同：

正月：韭菜、生菜、荠菜、蛤蜊、鲚鱼、鸡子、鸭子。

二月：新茶、苔菜、芹菜、蒌蒿、子鹅。

三月：鲜笋、苋菜、青菜、鲤鱼、鸡子、鸭子。

四月：萝卜、樱桃、枇杷、梅子、杏子、王瓜、彘猪、雉鸡。

五月：菜瓜、瓟子、苦荬菜、茄、来禽、桃、李、嫩鸡、小麦仁、大麦仁、小麦面、鲥鱼。

六月：莲房、西瓜、甜瓜、冬瓜、干鲥鱼、细红糟鲥鱼、鲫鱼。

七月：雪梨、鲜菱、芡实、鲜枣、葡萄。

八月：粟米、穄米、粳米、藕、芋子、茭白、嫩姜、鳜鱼、螃蟹。

九月：粟、橙、鳊鱼、小红豆。

十月：山药、菊柑、兔。

十一月：荞麦面、甘蔗、鹿、獐、雁、天鹅、鸹鸹、鹌鹑、鲫鱼。

十二月：菠菜、芥菜、白鱼、鲫鱼。

以上供奉分早、午两次上。内列三爵膳，米饭在爵东，肉食在爵西，鸡、鹅间隔，日用茶在爵南，中茶，东西列，小菜、四茶。南：西曰常供，东曰新献。又南：中酒壶，西汁壶，汁用猪脊骨煎，东茶壶。随着时令，膳食相应增加。立春，馒头代膳，加春饼、春茧。上元，用圆子灯茧。四月初八佛诞日，用不落荚代膳加乌饭。端午，米粽代膳加凉糕。七夕，大馒头代膳加山药。中秋，亦同。重九，加素丝糕、枣亭糕、糖枣糕。十月初一，加米糕、细糖、白糖、芝麻糖、冻鱼。腊日，用蒜面。圣节，用索面。①

这些膳食充分体现了重规制、重营养、重调节、重时令等特色。然而，这只不过是奉先殿里对逝世的皇后的日常所供，再从明代小说中的皇后日常膳食的描写可以见到其规模样式。

走到殿上，见摆着筵宴，正中是中宫娘娘，东西对面两席是东西二宫，侧首一席是皇太子妃，其余嫔妃的筵席都摆在各轩及亭馆中。果是铺得十分齐整。但见：

门悬彩绣，地衬锦裀。正中间宝盖结珍珠，四下里帘栊垂玳瑁。异香馥郁，奇品新鲜。龙文鼎内香飘蔼，雀尾屏中花色新。琥珀杯、玻璃盏，金箱翠点；黄金盘、白玉碗，锦筷花缠。看盘簇彩巧妆花，色色鲜明；接席堆金狮仙糖，齐齐摆列。金虾干、黄羊脯，味尽东西；天花菜、鸡鬃菌，产穷南北。猩唇、熊掌列仙珍，黄蛤、银鱼排海错。鹿茸牛炒、鲟鲊螺干。蟹螯满贮白琼瑶，鸭子齐堆红玛瑙。燕窝并

---

① 姚士麟:《见只编》卷下《丛书集成初编》。

鹿角，海带配龙须。莱阳鸡、固始鸭，肥如腻粉；松江鲈、汉水鲂，美胜题苏。黄金叠胜，福州桔对洞庭柑；白玉装盘，太湖菱共高邮藕。江南文杏兔头梨，宣州拣栗姚坊枣。林檎橄榄，沙果蘋婆。榛松、莲肉蒲桃大，榧子、瓜仁蜜枣齐。核桃、柿饼，龙眼、荔枝。金壶内玉液清香，玉盘中琼浆潋滟。珍馐百味，般般奇异若瑶池；美禄千种，色色馨香来玉府。[①]

若将这小说中描写的皇后、妃嫔的日常膳食再与她们的日常膳食"分例"相对照，就更能了解她们日常膳食的全貌了：

猪肉五十五斤八两，羊肉、羊肚肝等折猪肉二十二斤，鹅五只，鸡十只，猪肚两个，鸡子十个，面一百五十一斤，香油十三斤六两，白糖五斤，黑糖九斤，奶子二十斤，面筋十五斤，豆腐两个，香蕈八两，麻菇八两，绿笋一斤，花椒二两，胡椒二两，核桃十五斤，红枣十斤，榛仁一斤，松仁十两，芝

---

① 无名氏：《梼杌闲评》二十二回，人民文学出版社，1983年版。

◀（明）佚名　朱瞻基行乐图
御桌上摆放着丰富的食物

麻一斗二升，赤豆六斤，青绿豆六斤，土碱子一斤，豆菜二斤。

每日共银十一两五钱五分九厘五毫四丝。

每月共银三百三十五两二钱二分六厘六毫六丝。①

如果再看一看明代皇帝的日常膳食更加惊人：

猪肉一百二十六斤，驴肉十斤，鹅五只，鸡三十三只，鹌鹑六十个，鸽子十个，熏肉五斤，鸡子五十五个，奶子二十斤，面二十三斤，香油二十斤，白糖八斤，黑糖八斤，豆粉八斤，芝麻三升，青绿豆三升，盐笋一斤，核桃十六斤，绿笋三斤八两，面筋二十斤，豆腐六连，腐衣二斤，木耳四两，麻菇八两，香蕈四两，豆菜十二斤，茴香四两，杏仁三两，砂仁一两五钱，花椒二两，胡椒二两，土碱三斤。

每日共银十六两一钱六分二厘五毫五丝八忽

---

① 吴丰培：《明代宫廷杂录汇编·坤宁宫膳》。

六微。

每月共银四百六十八两七钱一分四厘一毫九丝九忽四微。①

实际上，皇帝日常膳食大大突破了这一每日例行的膳食原料范围。明万历皇帝的日常膳食就达到了"不可胜记"的地步。粗略统计，有这样繁多的品种：

动物食物：银鱼、鸽蛋、麻辣活兔、塞外黄鼠、半翅鹖鸡、冰下活虾、烧鹅鸡鸭、烧猪肉、冷片羊尾、爆炒羊肚、猪灌肠、大小套肠带油腰子、羊双肠、猪臀肉、烧笋鹅鸡、爆腌鹅鸡、煠鱼、柳蒸煎燔鱼、煠铁脚小雀加鸡子、卤煮鹌鹑、鸡醢汤、烩羊头、糟腌猪蹄尾耳舌、鹅肫掌、油渣卤煮猪头、酒糟蚶、糟蟹、醋熘鲜鲫鱼、鲤鱼。

蔬菜：冬笋、风菱、脆藕、东海之石花海白菜、龙须、海带、鹿角、紫菜、江南蒿笋、糟笋、香蕈、蓟北黄花、金针、都中山药、马铃薯、南都苕

---

① 吴丰培：《明代宫廷杂录汇编·坤宁宫膳》。

菜、武当莺嘴笋、黄精、黑精、北山蕨草、蔓菁。还
有野蔬，如滇南鸡㙡、五台天花羊肚菜、鸡腿银盘等
蘑菇。

水果：江南蜜柑、凤尾橘、漳州橘、橄榄、小
金橘、西山苹果、软子石榴、北山榛、栗、梨、枣、
核桃。

点心小吃：羊肉、猪肉包子，枣泥卷，糊油蒸
饼，乳饼，乳皮，米烂汤，八宝攒汤。

茶：六安松萝、天池、绍兴芥茶、径山茶、虎
丘茶。

至于每逢时令节日，皇帝膳食则又随之增添相应
内容，如

正月：凡遇雪，皇帝则去暖室赏梅，边吃炙羊
肉、羊肉包、浑酒、牛乳、乳皮、乳窝卷等。

四月：尝樱桃，以此为一年诸果新味开始。

五月：饮朱砂、雄黄、菖蒲酒吃粽子，吃加蒜过
水面。

六月：吃过水面，嚼藕的新嫩芽的"银苗菜"。

七月："甜食房"进贡佛菠萝蜜，吃鲥鱼。

八月：蟹肥了，此时，宫廷吃蟹，活洗净，用蒲包蒸熟。吃的时候，自揭脐盖，细细用指甲挑剔，蘸醋蒜，佐酒。或剔蟹胸骨，八路完整如蝴蝶式，表示精巧。食毕，饮苏叶汤，用苏叶等件洗手。

九月：吃花糕，迎霜麻辣兔，饮菊花酒。

十月：吃羊肉，爆炒羊肚，麻辣兔，虎眼等各样细糖，饮牛乳，吃乳饼、乳皮、奶窝、酥糕、鲍螺。

在各式食物中，万历皇帝还喜欢吃一些稀奇"事件"。如最喜欢用炙蛤蜊、炒鲜虾、田鸡腿及笋鸡脯，又海参、乌鱼、鲨鱼筋、肥鸡、猪蹄筋共烩一处，名曰"三事"。万历皇帝还爱食用鲜西瓜种微加盐焙的鲜莲子汤。

二月份则食河豚，饮芦芽汤解其热。此时还吃"桃花鲊"。

三月份则食烧笋鹅，吃凉糕，糯米面蒸熟加糖碎芝麻，即糍巴。吃雄鸭腰子，大者一对可值五六分，食此补虚损。

▶ （明）佚名 明宪宗元宵行乐图（局部）
手捧食盒的宫人

四月份吃笋鸡，吃白煮猪肉，应"冬不白煮，夏不熬"这句话。又用各样精肥肉、姜、葱、蒜锉如豆大，拌饭，用蒿苣大叶裹食的"包儿饭"。在这个月里，还要吃白酒，冰水酪，取新麦穗煮熟，剥去芒壳，磨成细条食用的"稔转"，以表开始尝今年的五谷新米。

到了十一月的冬天，便吃糟腌猪蹄尾、鹅肫掌、炙羊肉、羊肉包、扁食馄饨，以示阳生之义。冬笋到，不惜用重价买。每日清晨喝辣汤，吃生熬肉，饮浑酒御寒。

进入十二月，便又做"腊八粥"。这种粥是将红枣捶破泡汤，至初八早，加粳米、白果、核桃仁、栗子、菱米煮粥。①

从明代皇帝、皇后的日常膳食可以看出，他们遍尝天下精美食物，是从未简俭过的。就好像皇帝的谕旨头一句话就是"奉天承运"，一起笔就不同凡响。像明天启皇帝喜用炙蛤、鲜虾、蒸菜、鲨翅诸海味十

---

① 刘若愚：《酌中志》卷二十《饮食好尚纪略》。

余种，共脍一锅食之。^①这就需特别制作，如同天启皇帝推崇白牡马（白色公马）的外肾，用来补养，出现了"手携龙卵报琼羞"诗句，^②这就需要御膳房精雕细刻。

如明崇祯帝喜好燕窝羹，膳夫就将煮好的羹汤，呈上司先尝，递尝五六人，参酌咸淡，方进御膳。^③还有崇祯帝与皇后每月持十斋，嫌膳无味。"御膳房"便将鹅褪毛，从后穴去肠秽，纳蔬菜于中，煮一沸取出，酒洗净，另用麻油烹煮成馔再进，帝、后尝着果然很好吃。^④

独特的做法一旦形成，便成为御膳的"专利品"，不得外传，如甜食房制的丝窝虎眼糖法。^⑤在明代的典籍中看不到这种窝丝糖的影子。直到清初，

---

① 蒋之翘：《天启宫词一百三十六首》，《明宫词》点校本，北京古籍出版社，1987年版。

② 蒋之翘：《天启宫词一百三十六首》，《明宫词》点校本，北京古籍出版社，1987年版。

③ 王誉昌：《崇祯宫词一百八十六首》，《明宫词》点校本，北京古籍出版社，1987年版。

④ 王誉昌：《崇祯宫词一百八十六首》，《明宫词》点校本，北京古籍出版社，1987年版。

⑤ 尤侗：《百末词·摸鱼儿·又咏窝丝糖和其年韵》。

毛奇龄在上元灯节的梁尚书家宴上才见到，其制如扁蛋，外光，而面有二凹，嚼之粉碎，散落皆成丝。①据清初的尤侗说，"窝丝糖"，"银丝袅就连理，十分崖蜜三分脆，更胜枣儿堪嗜。"②堪称美味。然而由于只准皇帝和极少数王公大臣品尝，遂使会做的人越来越少，且会做者多限于宫内太监。后来民间有"窝丝糖"多为仿制品，所谓："卖饧小担箫声底，何曾见此？总输与筵前。"③

这是因为御膳制品，是很难得其详的。像明代冬至皇帝赐给诸臣的一盒甜食，共七种，有一种叫松子海哩（嘞）。有人考证："（嘞）"字诸字书不载。今亦不识海哩（嘞）为何物。④尽管有饮食史家认为：明清开国之君，往往都能自奉俭约。但是这种自奉俭约是有限度的，或者说在某种程度上只是一种理想化的模式。人们较多注意的是朱元璋下令做粗粝汤饼吃，往往忽略了那是他在厌饫之余。但后代的传统相

---

① 毛奇龄：《毛翰林词·唐多令·咏窝丝糖》。
② 尤侗：《百末词·摸鱼儿·又咏窝丝糖和其年韵》。
③ 毛奇龄：《毛翰林词·唐多令·咏窝丝糖》。
④ 杨仪：《明良记》，《藏说小萃》。

声《珍珠翡翠白玉汤》就这一点上，敷衍成故事：朱元璋成帝之后，想他落难之际两乞丐送给他吃的烂杂合菜汤，便令两乞丐再做以进尝……情节虽虚构，然而多少有点依据，以传奇而流传。

明代皇帝膳食在中央政权制度建立之初，就制定了在当时历史条件下最高的规格，这却是史实。而且，随着中央政权的日益强化，皇帝膳食的铺排则日甚一日。如明代初期皇帝的早膳，不过数十百味，到了明代后期崇祯时的早膳，已可罗列一丈有余，其食唯心所欲，顷刻即至，每天以花费三千两银子为例。[1] 这一说法似有过之，但不可否认的是崇祯与后妃日常膳食花费甚大，却是明代皇帝中最为突出的。现据崇祯十五年（1642）春天光禄寺所支付的费用观察，便知端详：

皇帝膳每日三十六两，每月一千四十六两，厨料在外，又药房灵露饮用，粳米、老米、黍米在外。

皇后膳每日十一两五钱，每月三百三十五两。厨

---

① 沈元钦：《秋灯录》，《昭代丛书》。

料二十五两八钱。

懿安皇后同。

承乾皇贵妃、翌坤贵妃两宫，每月各一百六十四两。

皇太子膳并厨料，每月一百五十四两九钱。

定王、永王两宫，每月各一百二十两。①

清代皇帝御膳，无论在哪个方面都有过明代皇帝御膳而无不及。现以能代表清代皇帝御膳最高成就的乾隆御膳作一观察。乾隆于四十八年正月移驾圆明园，从正月十一日起至正月二十八日止，共计十八天。在这短短的十八天里，除几次家宴外，主要是皇帝的日常便饭。

仅饭食而言就一天数种，计有数十种之多：

粳米干饭、象眼小馒头、竹节卷小馒头、大馒头、荷叶饼、鸭子馅提摺包子、鸭子口蘑馅合手包子、猪肉馅侉包子、素包子、鸭子馅合手包子、羊肉馅包子、鸡肉烫面饺子、鸡肉馅鸡心饺子、鸭子馅散

---

① 孙承泽：《春明梦余录》卷二十七《光禄寺》。

旦饺子、香蕈鸡肉馅饺子、鸡肉馅徽丹饺子、猪肉馅炸三饺子、鸡肉馅饺子、鸭子口蘑馅烫面饺子、鸡肉香蕈馅烫面饺子、鸡肉馅临清饺子、孙泥额劳白糕、白面丝糕、藦子米面糕、匙子饽饽红糕、枣儿糕、老米面糕、拆鸭烂肉面、燕窝三鲜面、红白鸭子三鲜面、燕窝攒丝馄饨、燕窝鸡丝馄饨、鸭子口蘑馅烧卖、鸡肉香蕈烧卖、果子粥、片饽饽、饽饽、奶子、热果子、果馅元宵、干湿点心、小葱猪肉馅焖炉火烧。

菜肴有：燕窝肥鸡丝、燕窝炒鸭丝、燕窝冬笋锅烧鸡、燕窝白鸭丝、燕窝冬笋锅烧鸭子、燕窝冬笋烧鸡、燕窝冬笋白鸭子、燕窝口蘑锅烧鸭子、燕窝火熏肥鸡、燕窝烩鸭子、燕窝鸭腰锅烧鸭子、燕窝锅烧鸭子、燕窝口蘑肥鸡、燕窝冬笋白鸭丝、燕窝口蘑白鸭子、燕窝冬笋锅烧鸭丝、燕窝炒攒丝、燕窝冬笋肥鸡、炒燕窝、冬笋爆炒鸡、冬笋鸭腰锅烧鸭子、冬笋口蘑锅烧鸡、冬笋口蘑肥鸡、冬笋鸭腰白鸭子、冬笋炒鸭子、冬笋火熏肥鸡、冬笋口蘑炒肉、冬笋挂炉鸭丝咸肉丝醋烹绿豆芽、冬笋炒鸭丝、冬笋鸭腰锅烧鸡、冬笋收汤鸡、口蘑火熏肥鸡、口蘑冬笋炒肉、口

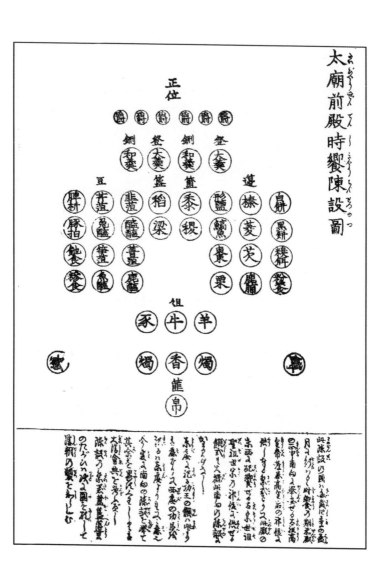

▲（清）日本冈田玉山　太庙前殿时飨陈设图　唐土名胜图会

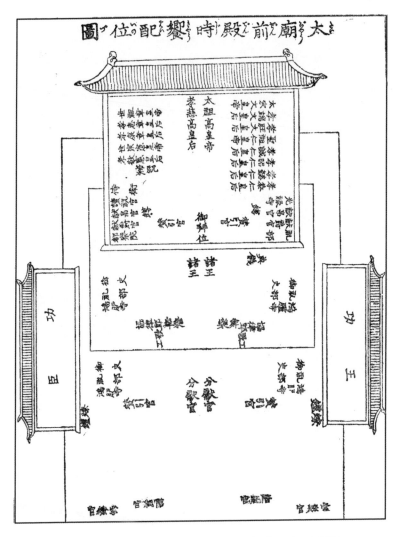

▲（清）日本冈田玉山 太庙前殿时飨配位图 唐土名胜图会

蘑冬笋爆炒鸡、口蘑冬笋白鸭子、口蘑冬笋锅烧鸡、口蘑冬笋爆炒鸡、口蘑冬笋烧鸭丝、鸭腰口蘑锅烧鸭子、百果鸭子攒盘、熘鸭腰、羊肉丝熏鸭子、鸭腰熘脊髓、挂炉鸭子、醋熘红白鸭子、托汤鸭子、蒸菜挂炉鸭子、清蒸鸭子糊猪肉、糟鸭子、百果鸭子、韭菜挂炉鸭子、熏鸭子、清蒸鸭子羊肉卷、火熏冬笋白鸭子、鸭丁炒豆腐、鸭子东坡肉、醋熘鸭腰、什锦拆鸭子、鸭丝炒菠菜、熏鸭子咸肉、熏鸡咸肉、香蕈鸡、肥鸡拆肉、醋熘鸡、肥鸡肘子、燕肥鸡、肥鸡鹿筋拆肘子、鸡丁炒豆腐、五香鸡、蒸肥鸡烧猪肉卷、蒸肥鸡烧鸡肉卷、蒸肥鸡烧鸡皮、蒸肥鸡炸羊羔、五香鸡丝、炒柳子鸡、肉丝水笋丝、炒攒丝、炸排骨、羊乌叉烧羊肝、羊渣古、大杂烩、摊鸡蛋、苏造肉、豆腐干炒菠菜、万年清酒炖肉、苏造鸭子肘子、肚子肋条攒盘、炒木樨肉、挂炉羊肉、咸肉熏猪肚、熏鸡咸肉、小葱摊鸡蛋、炒杂拌、熘脊髓、酒炖东坡蹄、鸡蛋丝鸡丝炒菠菜、五香肘子丝、八宝小猪。

汤羹：鸡丝燕窝汤、燕窝红白鸭子三鲜汤、燕窝冬笋锅烧鸡子汤、燕窝八仙汤、燕窝鸭羹、燕窝攒丝汤、羊肉卧蛋粉汤、羊肠羊肚汤、豆腐片汤、炒鸭羹、燕窝三鲜汤。

小菜：老咸菜、八宝菜、南小菜、鹿尾酱、糟小菜，还有珐琅葵花盒装小菜、珐琅碟小菜。

值得注意的是，在御膳中带有浓郁满族风味的面点、菜肴占有很大部分。尤其在菜肴中，如蒸肥鸡鹿尾、清蒸鸭子鹿尾、祭神肉、野鸡爪、烧狗肉、鹿筋折肥鸡、鹿尾、煺鹿肉、羊肉卷烧野猪肉、清蒸鸭子鹿尾野猪肉、狍肉他他士、烘狍肉、锅他狍肉、杂剁野鸡、糊猪肉等。其中尤以火锅别具一格：

燕窝红白鸭子南鲜热锅、燕窝脍五香鸭子热锅、燕窝挂炉鸭子挂炉肉野意热锅、燕窝口蘑火熏白鸭子热锅、燕窝冬笋锅烧鸡、燕窝锅烧鸭子热锅、燕窝攒丝热锅、燕窝口蘑锅烧鸭子、燕窝锅烧鸭丝、挂炉鸭子、挂炉肉炖豆腐热锅、燕窝野意热锅、燕窝八仙热锅、燕窝烩鸭子热锅、燕窝锅烧鸭子烫膳、燕窝鸭羹热锅、燕窝莲子鸭子热锅、肥鸡油煸白菜热锅、炒鸡丝炖海带丝热锅、炒鸡肉片炖豆腐热锅、鸡糕锅烧鸭子热锅、炒鸡丝肉丝炖海带热锅、红白鸡羹热锅、肥鸡火烧白菜头热锅、肥鸡糟戎刀肉热锅、炒鸡肉片炖菠菜豆腐热锅、炒鸡火炒肉炖酸菜热锅、肥鸡脍火丸子热锅、肥鸡鸡冠肉热锅、肥鸡锅烧肉热锅、摆炒鸡丝炖豆腐热锅、糟鸡子糟肉热锅、松鸡锅烧肘子热锅、摆肉丁酒炖鸭子热锅、火炒肉炒白菜热锅、山药葱椒鸭子热锅、全鸭子热锅、冬笋鸭腰锅烧鸭子、酸辣羊肠羊肚热锅、山药火熏葱椒鸭子热锅、肉丝水笋丝热锅、鸭子火熏白菜热锅、大杂烩热锅、葱椒肘子热锅、熏丸子葱椒鸭子热锅、酒炖羊肉豆腐丸子热锅、脍银丝热锅、山药鸭羹热锅、肉丝烂鸭子热锅。

在圆明园的这十八天里，乾隆天天要吃热锅，有时早膳要上几品热锅，乾隆胃口即使特大，也吃不了。上这些满族热锅无非是表示至尊至美的御膳，始终遵守着满族食制的一种意念。在正月二十七日晚，乾隆就传下圣旨：要明日伺候一天的"野意膳"，这充分显示了满族菜肴在清代御膳中的特殊地位。

以上所归纳整理的仅仅是乾隆在圆明园十余天的日常膳食。[①] 数量惊人，但皇帝能不能吃下这么多食物已不在考虑之列，而是他必须要每天实践着这样的

① 《乾隆四十八年正月膳底档》。

"演习"。就好像皇帝的"分例"一样，能不能吃、吃多少已不是主要的，而是每天必须这样重复，因为这是制度。

如皇帝每日供备的"分例"是：

每日盘肉二十二斤，汤肉五斤，猪油一斤，羊二，鸡二，鸭三，当年鸡三。①

此外，皇帝每日还要用：

乳牛六十头，每日泉水十二罐，乳油一斤，茶叶七十五包；早晚随膳饽饽八盘，每盘俱三十个，外饽饽房大燕桌，每张大饽饽四盘，松饼二盘，小饽饽二盘，五色番馅饼、五色梅花酥、五色小印子霜、五色玉露霜，各五盘。蜂蜜印鸡蛋印子各一盘，红馅点子二盘，红白馓子三盘，面攒盘、芝麻酥攒盘，各一盘。干鲜果品二十盘，糖三盘。日用玉泉酒四两，酱油一斤十二两。

每日用白菜、菠菜、香菜、芹菜、韭菜共十九斤，大萝卜、水萝卜、胡萝卜共六十个，包瓜、冬瓜，各一个；苤蓝菜、干闭瓮菜各五个。葱六斤，其

---

① 《大清会典事例》卷一千一百九十三《内务府》。

蔬菜，四月五月易以苋，六月七月易以豇豆、韭菜，三月至七月易以韭菜、大萝卜，四月至九月，易以茄、水萝卜，三月至九月易以黄瓜、冬瓜、茉蓝，俱六月用至十一月止。

米每年内用七十石，各处所用白米六千石，粗黄老米八千石。①

皇太后：猪一口盘肉用，重五十斤，羊一只、鸡鸭各一只，新粳米二升、黄老米一升五合、高丽江米三升、粳米粉三斤、白面五斤、荞麦面一斤、麦子粉一斤、豌豆折三合、芝麻一合五勺、白糖二斤一两五钱、盆糖八两、蜂蜜八两、核桃仁四两、松仁二钱、枸杞四两、晒干枣十两、猪肉十二斤、香油三斤十两、鸡蛋二十个、面筋一斤八两、豆腐二斤、粉锅渣一斤、甜酱二斤十二两、清酱二两、醋五两、鲜菜十五斤、茄子二十个、王瓜二十条。

皇后：猪肉十六斤，盘肉、羊肉一盘、鸡鸭各一只、新粳米一升八合、黄老米一升三合五勺、高丽江米一升五合、粳米粉一斤八两、白面七斤八两、麦

---

① 桐西漫士：《听雨闲谈·御膳房恭备分例》。

子粉八两、豌豆折三合、白糖一斤、盆糖四两、蜂蜜四两、核桃仁二两、松仁一钱、枸杞二两、晒干枣五两、猪肉九斤、猪油一斤、香油一斤六两、鸡蛋十个、面筋十二两、豆腐一斤八两、粉锅渣一斤、甜酱一斤六两五钱、清酱一两、醋二两五钱、鲜菜十五斤、茄子二十个、王瓜二十条。

其余皇贵妃、贵妃、妃、嫔、贵人则由于地位不同，"分例"也有所不同。总起来看，身份高的，肉、米、面、糖、核桃仁、茶叶等"分例"就多，身份低的就相应减少。有的竟相差一倍。像皇子福晋每日猪肉"分例"是二十斤，而皇子侧室福晋猪肉"分例"就是十斤。①

但这并非绝对，还经常添。如清雍正年间一本十月《进膳底》记载：十月初一这一天，皇帝、皇后、妃子在"分例"以外就添有五十七斤猪一口半、猪肉五十七斤、小猪六口、鹅八只、鸭五只、鸡三十六只、笋鸡二十只，一次。十月初九，皇帝"分例"外又添猪肉十一斤八两、鸭四只、鸡四只，一次。十

———————
① 《国朝宫史》卷十七《经费·一》。

月十七日，皇帝又添鹅一只、鸭五只、鸡三只、笋鸡二只，一次。假如总计十月一个月共用：五十斤猪二百五十二口，猪肉五千四百八十六斤四两、小猪一百九十七口半、鹅二十九只、鸭七百七十八只、鸡二千三百九十七只、笋鸡五百二十七只、牛肉四千四百八十三斤十二两、文蹄三十二个。

这样的"分例"只是添加的，而不是正常的"分例"之内的。因为"分例"一旦制定，是不准轻易改变的。有学者曾将晚清宣统皇帝的"分例"与乾隆四十三年（1778）所编制的《宫史》中的御膳"分例"互相比照，发现历经百余年竟没有多少改变。这足以看出，皇帝御膳已经是一种程序，就好像他所处的朝代一样，循环往复，历久不易。

仅从每天皇帝进膳的时间来看，多少年一贯制——早膳在卯正以后（早六七点钟），晚膳却在午、未两个时辰（十二点至午后两点）。每天晚上在酉时（晚六时）前后还要进一次"晚点"（小吃）。还有，为怕一旦烹饪失宜，司其事者，无可诿咎，每天都要开单——御膳的某一物品、某物是什么人烹调的，具稿呈内务府大臣。[①]

皇帝的进餐也是不轻易改变的——他不与后妃们一起进餐。只有在除夕等大节庆日里，才与后妃们一起进餐。但即使这样也要严加区别，以示尊卑。乾隆二年（1737）除夕，弘历释服后第一次在乾清宫举行家宴，据记载，乾清宫正中摆皇帝金龙大宴桌，左侧摆皇后宴桌，北向东西两排摆皇贵妃、妃、嫔、贵人、常在等人宴桌。每桌一、二、三人不等。

宴席间不断地转宴，其程序是冷膳、汤膳、酒膳。以酒膳为例，皇帝一桌酒膳四十品，皇后三十二品，妃、嫔等位十五品。又各按位份用碗：皇帝、皇后用金龙盘、金龙碗，皇贵妃用黄地黄龙碗，妃用黄地绿龙碗，嫔用蓝地绿龙碗，贵人用酱色绿龙碗，常在以下用五彩六龙碗。[②]

众后妃像众星拱月般突出着皇帝这轮给她们带来光明的皎月，这就如同欧洲人看到中国群臣服侍皇帝所遵循的各种礼节一样，通过这种种礼节，一看便

---

① 吴振棫：《养吉斋丛录》卷二十四。
② 姚元之：《竹叶亭杂记》卷一。

知，人们伺候的是一国之主，那些杯盘碗盏洁净、华丽、无与伦比，这与其说是在向一位君主敬奉饮食，不如说是祭祀一尊偶像。①

皇帝用膳常常不固定宫内一处，还经常外出巡幸长住。乾隆在位六十年，有四十多个生日，即四十多个"万寿节"是在热河行宫度过的。②为了适应环境和皇帝随时可能吃一点"点心"或者茶的需要，御膳必须在短时间内迅速端上来，这就需要额外准备精良的炊具，以便"行灶"烹调。

根据文献材料记录：内膳房备有数只炭箱，上有铁板。一切菜品均由粗瓷碗盛好，放在铁板上加温备用。点心，饭有蒸锅，粥有粥罐，均是银质，也靠在炭箱上。饮食器皿主要分为两种式样的"暖碗"。

一种是冬天用的银碗，碗有两层，上层是菜肴，下层是汤，这种碗有银盖，装饰精美，和食物一起端到食案上。另一种是由二分厚的铁碗和两块很厚的

---

① 宋君荣：《有关雍正与天主教的几封信》，载《清代西人见闻录》，中国人民大学出版社，1985年版。

② 王淑云：《清代北巡御道和塞外行宫》，中国环境科学出版社，1989年版。

铁板构成的器物，把做好的菜肴放入铁碗中，烧热两块铁板，一块放在碗下，一块盖在碗上。如果皇帝说"传膳"，就能把铁碗中的菜肴拨入瓷碗里供膳了。[①]有史料证明，这种饮食方式一直到晚清都是这样保持着。

为了使皇帝吃到始终保温可口的饭菜，御膳房创造了这一饮食方式的最高水平，这从煮元宵便可看清楚：

先用四个高七八寸、直径六七寸、圆形、中间微凸、旁有柄、上有盖的铜铫子，烧宫中井水，待皇帝传膳时，铜铫子里的水早已烧开。把水倒进四个银质的铫子里，银铫的形状与铜铫相同，只是比铜铫略小。在移倒开水时，还要过滤。将开水移入银铫后，再把元宵放进去煮。煮熟后将银铫装入一个高一尺左右、长宽各二尺的小铁柜里。铁柜的底层有烧好的木炭，木炭上有铁板两块，炭与铁板之间稍有间隙。银铫放在铁板上，每个小柜里可放两个银铫，这样能使

---

① 爱新觉罗·浩：《食在宫廷·皇帝的饮食》，生活·读书·新知三联书店，2012年版。

▲（清）乾清宫家宴乾隆御用铜胎錾掐珐琅万寿无疆宫碗

元宵在三到四个时辰内保持温热。

铁柜上有铁链，由四个太监分抬两铁柜进呈，皇帝用膳时，由太监将元宵盛入碗内，温度、滋味都和初煮熟的一样。炸元宵则放在黄色暗龙五寸瓷碟里，碟内有银质小牌（长二寸八，宽六寸），上刻有元宵馅名，以便用膳时识别。①

皇帝每餐未有明确规定必须是多少品。从现存康熙、乾隆、嘉庆三朝皇帝用膳品种统计，多寡不

① 爱新觉罗·恒兰：《清宫御寿两膳房遗闻》，载《北京文史资料选编》第26辑。

▲（清）佚名　弘历岁朝行乐图

一，总起来看，康熙简朴一些，乾隆、嘉庆就铺张起来了，一般有十余种、四十余种，甚至达到百余种之多。这里面包括贵妃所贡奉的美馔，但每餐平均有数十种之多是经常的。

晚清慈禧早晚两餐则达到：茶为四十八品，"三节"万寿时为一百零八品。[1] 但通常的说法是慈禧每饭约精馔一百五十品，列成长式，大碗小碟相间排列，别有二几，置果盘，皆糖莲子、瓜子、核桃等干鲜果品，为餐后随意掇食。米饭是寸长的玉田稻米，有胭脂、碧粳诸名，常膳必备五十余种粥，稻粱菽麦，无所不有。[2]

皇帝所食，主要食材为鸡、鸭、猪、鱼、蔬菜等食物，羊则由庆丰司供应。其余山珍海错及诸干菜，皆各处所贡，不需市易。这种进贡从明代就十分盛行了。在明代的方志上，都专辟一项，那就是或称为"土贡"，或称"国朝岁办土物"，或"贡课"或"贡赋"或"岁贡"的，以各地特产食物为主的贡奉制

① 信修明：《老太监的回忆·寿膳房》，燕山出版社，1992年版。
② 易宗夔：《新世说》卷七《汰侈》。

▲（清）冷枚 十宫词图册·陈宫

该图主要表现初春时节宫中女子在庭院中畅饮的情景

度。① 它的名目繁多，有专门的供用船只，并分门别类。如守备尚膳监，则鲜梅、枇杷、杨梅、鲜笋、鲫鱼，守备不用冰的，如橄榄、鲜茶、木犀、榴、柿、橘、天鹅、腌菜、蜜樱、薛糕、鹧鸪，司苑局的荸荠、芋、姜、藕、果，内府供用库的香稻、苗姜……而且是专项进奉，如冰鲜鲫鱼、杨梅。②

有的贡奉劳民伤财，以致大臣也不得不专为此向皇帝进言。他的叙说使我们看到了皇帝的日常御膳是建筑在怎样的一种基础之上：

明代皇帝所需腌腊活鹿一百五十一只，天鹅四百六十三只，都是从河北、安庆、广西等地方采捕解纳的，有的是从三四千里路来，有的是从一两千里路来，都要等到小雪时节送到京城。鹿和天鹅的沿途喂养是很难的，所以大多瘦损，依期宰腌，用盐太少，天然生虫，用盐太多，苦咸无味。又要打造木柜装盛，起拨马、船快运，迁延日久，停放过时，运

---

① 黄润玉：《宁波府简要志》卷三《食货志·成化宁波群志卷四贡赋考》。

② 顾起元：《客座赘语》卷六《供用船只旧例》。

到京城，不堪供应。[①] 鹿、天鹅均是北方山泽野牲，北京是不难就近搞到的，可是仍要数千里之遥的贡奉，这无非是摆谱，而给予地方的压力是相当大的。

清代的贡奉也都是用最好的食物供应着皇帝的御膳，大到数丈鳇鱼，小到灌莽之中的小果。[②] 如吉林的鹿尾，必须是春、夏、秋季节在打牲乌拉产的，规格是长一尺二寸，宽三寸。因为，这个季节，这个地方产的鹿肉嫩。冬季则要塔城，阿勒楚喀（阿城）或珲春这三个地方产的鹿尾，非此时此地产物，全不选用。野猪必须是吉林产的，还要标明一年猪、二年猪及其雌雄。这是因为做什么菜，用什么肉，也有一定规矩。三年以上的猪不用。还有贡鱼，不但要吉林、黑龙江或盛京一带产的，还要看捕鱼的季节。春天捕鱼，必须在正月下旬，秋季捕鱼，必须在中秋节后。到时派遣打鱼队，分赴各河口指定区域打捞。

总之，各种原材料全有一定规格，不合规格即使

---

① 倪岳：《青溪漫稿》卷二，《明经世文编》卷十八。
② 博明：《凤城琐录》，《西斋三种》。

是各地名产也不采用。①

尤其是清帝出巡时，皇帝的日常膳食则完全依赖于当地的贡奉。

嘉庆东巡时的日常膳食是一个很明显的例证：

八月初二日，驻跸杏山大营，秀将军进饽饽三盒。

八月初三日，驻跸兴隆屯大营，将军进晚膳，菜四品：玉兰片松子鸡、万年青酒煨肉、四喜鸡皮燕窝、海参八宝鸭羹；饽饽二品：鸡肉口蘑包子、松仁澄沙馒首。

初五日，驻跸广宁大营，将军进鲜鹿一只，黄羊一只，天津盐院进果品。

初六日，驻跸广宁大营，将军进狍二只，野鸡九只。

初七日，驻跸常家屯大营，将军代内务府庄头进猪、羊、鸡、鸭等物。

---

① 爱新觉罗·恒兰：《清宫御寿两膳房遗闻》，载《北京文史资料选编》第 26 辑。

初九日，驻跸黄旗堡大营，将军进鲜鹿一只，黄羊一只。

十一日，驻跸大台大营，将军进鲜鹿二只，鲫鱼九十尾。

十三日，驻跸莲花淘大营，将军进野鸡九只，鲫鱼九十尾。

十五日，驻跸夏园大营，将军进苹果九盒，沙果九盒，槟子九盒，香水梨九盒，平顶香九盒，花红九盒，白葡萄九盒，月饼九盒，西瓜九十个，圆猪十八口，羊十八只，鸡四十五只，晾鹿肉九块，晾鹿尾五盘，鸭四十五只……秀将军进果品九色。

十六日，仍驻跸夏园大营，将军进鲜鹿二只，狍两只……钦派打鲜，大人初次送到鲜狍、鹿各一只，奏递。

十八日，驻跸莲花淘大营，进营时，微雨，将军进鹿一只，鹿肉九块，鹿尾二盘，鹿肉干五十把。

十九日，驻跸嘎布街大营，盛京户部进猪、羊、鸡、鸭。①

---

① 《嘉庆东巡纪事》卷一，《辽海丛书》。

▲（清）王翚等　康熙南巡图卷十·三山街（局部）

倘举行规模较大的膳食时，也仍由当地政府准备。嘉庆十年（1805）盛京将军衙门为嘉庆准备膳食——"大宴桌"：

上面一百三十斤，苏油五斤，鸡蛋二百五十个，小米九升，白蜜五斤，芝麻三升六合，澄沙三斤，干绿豆粉十五斤，白盐一斤，白油三十斤，白糖稀五斤，白糖三十四斤，细桃仁八斤，黑枣五斤，黑葡萄八两，松子一升八合，圆眼一斤，红花水三斤，红棉二十斤，栀子八两，靛花五两，菠菜叶十斤，岗榴六个，蜜梨二十五个，红梨二十五个，秋梨十五个，槟子四十斤，沙果四十个，苹果十二个，桃十二个，葡萄五斤，白葡萄干一斤，松仁一斤八两，榛仁二斤，细桃仁一斤。[①]

从这些贡奉的食物来看，系原料成分，这大概是为制作饽饽一项而准备的。嘉庆的日常菜肴饭食则不包括在内，就如同盛京将军另供鸡皮燕窝、鹿

---

① 辽宁省档案馆藏：《黑图档·嘉庆十年部行档》。

觔酒肉、八宝镶鸭、火肉白菜、白糖油糕、猪肉盒子一样。①

倘若将各地进奉的食物从皇帝日常膳食中抽去，那御膳将只能是一副空空的架子。也许正是基于这一点，明清皇帝都极端重视各地贡奉的土特产，将此视为体现自己政治权威的一个"温度计"。明代有官员就因供应鱼鲊质量不合要求而被罢免官职。②有时，皇帝还对贡奉好的地方食物的人大加褒奖。③正因如此，各地大吏也都将向皇帝进供膳食当作头等大事。明宪宗时，贡奉的果品物料增至一百三十五万余斤，各布政司岁办野味近一万四千五百只。④清康熙、雍正年间的李煦、曹寅、曹頫则精心选择名贵食物奉上。

佛手计二桶，枸橼计二桶，荔枝计二桶，桂圆

---

① 《嘉庆东巡纪事》卷一，《辽海丛书》。
② 朱国桢：《涌幢小品》卷三十一《进鲊》。
③ 徐复祚：《花当阁丛谈》卷一《贡鱼》。
④ 何本方：《明代宫中财政述略》，载《故宫博物院院刊》，1992（4）。

计二桶，百合计二桶，青果计二桶，木瓜计二桶。

并有冬笋、糟茭白进呈。

今有新出燕来笋，理合恭进。

所有苏州新出枇杷果，臣煦理合恭进。

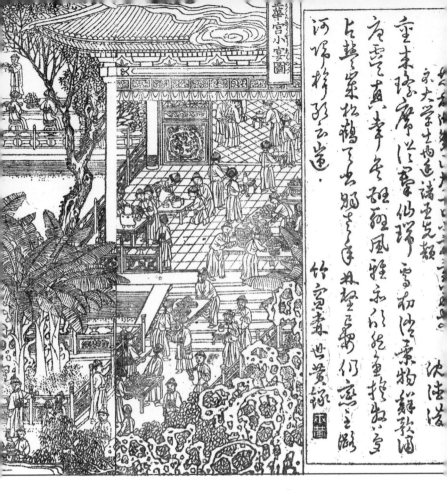

所有洞庭山橘子，理合恭进……①

所有冬笋、燕笋、小菜等件，敬进以表微诚。②

---

① 《李煦奏折》。
② 《苏州织造李煦奏贺元旦俟曹寅回任即行进京摺》。

　　江宁织造，郎中曹寅进送腌鲥鱼二百尾，便蛋二千个，腌蛋四千个。①

　　鱼翅二箱　金腿四十只　东洋鲛鱼十匣

　　糟鹅蛋十坛　虾盦饼一百个　制榄脯四瓶

　　金柑酱四瓶　杨梅酱四瓶　小菜十六瓶②

　　宁鸭一百二十只　金腿五十只

　　鱼翅二箱　冬笋四桶③

　　宁鸭四箱　鸡茸十瓶　冬笋二箱

　　芹菜二筐　栗子四箱　风菱四箱

　　榛栗二箱　荸荠二箱　查糕八盒

　　查饼八瓶　腐乳六坛　泉酒四十坛④

　　络绎不绝的贡奉，使皇帝的日常膳食异常丰富。这就像乾隆十八年（1753）从五月初一到初五，弘历的膳桌上一共摆置了一千三百三十二个粽子一

---

① 《内务府总管海拉逊等奏曹寅进送醃鲥鱼等物》。
② 《江宁织造奴才曹頫恭进单》。
③ 《江宁织造奴才曹頫恭进单》。
④ 《江宁织造奴才曹頫恭进单》。

样①，乾隆能吃千分之一就不错了，其余则赏赐给后妃、王子及大臣们。将自己的日常膳食赏赐给属下，已是皇帝日常膳食的重要组成部分。有时皇帝属意一位大臣，则连续赏赐他食物以示恩宠。像雍正、乾隆两朝中颇有影响的鄂尔泰，从雍正五年（1727）至八年（1730）间，几乎月月受赐，每逢节令，更胜平常。

所受水果有苹果、文旦、甜橙、广橙、福橘、风橘、米橘、哈密瓜。

肉食有鹿尾、鹿肉、树鸡、关东鱼、汤羊、熏猪、风羊肉。

茶有雨前六安茶、郑宅茶、小种茶。

点心有重阳糕、松仁糕、佛手糕、梅酥糕、乳皮酥饼、新印乳饼。

滋补食品有人参笋、藕粉、人参。

腌制食品有蜜荔枝。

干果有果干、胡桃……

雍正帝将这些日常食物赏赐给鄂尔泰，一时形成

①　中国第一历史档案馆：《乾隆朝节次照常膳底档第540号》。

了"嘉馐异品，驿路飞传，官僚惊见"的场景。① 从这个角度看，皇帝的日常膳食，是与政治活动紧紧相连的。官僚们无不将皇帝日常膳食的赏赐当成得宠的一种标志。从皇帝的角度看，将某地特产食物赏赐给臣僚，不独让他们分享皇帝品尝新鲜的口福，以示恩宠，也是为了让他们开阔眼界，了解各地人文风情。康熙十七年（1678），康熙为了赏赐翰林学士陈廷敬等人，"上特颁御札云：'朕召卿等编辑，适五台山贡至天花蘑菇，鲜馨罕有，可称佳味。特赐卿等，使知名山风土也'"②。正因如此，内廷除了准备皇帝的御膳以外，还要预备皇帝高兴的时候，赏给皇后、妃嫔和大臣的美味。皇帝把自己吃的和喜欢吃的美味作为赏品③，是皇帝日常膳食中不可或缺的。

尤其是重要的时令节气，"除夕前三日，内廷日直诸臣，人赐全鹿一只，风羊二只，兔八只，野鸡

---

① 《襄勤伯鄂文端公年谱》，《清史资料》第二辑，中华书局，1981 年版。
② 《康熙起居住》，康熙十七年。
③ 爱新觉罗·浩：《食在宫廷·皇帝的饮食》，生活·读书·新知三联书店，2012 年版。

八只，鹿尾四枚，关东大鱼八尾，黄封酒二坛，此年例也"①。其他，如福橘、广柑等在岁暮之时的珍稀食物无法计算。②这种为体现皇帝与臣共享天下美味的赏赐，一直贯穿于明清两代皇帝的日常膳食中。

---

① 查慎行：《人海记》,《正觉楼丛刻》。
② 昭梿：《啸亭续录》卷一《赐荷包灯盏诸物》。

宴享制度

"进士恩荣宴"的特设，反映出了笼络士大夫的用心；"管待番夷士官筵宴"则寄予了施于周边国家的天朝威仪；"千叟宴"充满了炫耀盛世的意味；满汉合璧的大席，蕴涵着互相融合的满汉民族的历史情思。经常地将精美的食物赏赐给大臣和外国使节，使御膳保持着一种外形美和内在美的富贵典雅之风，不仅福口，而且悦目、怡神、示尊。特别是将御膳置于乾清宫内、太和殿上，或是置于风景如画的避暑山庄的穹幕下，那种气派、那种场面，是任何一个朝代，也是当时世界上任何一种饮食体系都难以比拟的。

如果把皇权比作一架庞大的系统运作的机器，那么，皇宫中的"宴享"就是这部机器上一个不可须臾离开并使之转动的重要部件，"宴享"几乎成为皇宫中每天都要进行的一项活动，换言之，皇宫中每项活动都必伴随着"宴享"。

　　明太祖朱元璋当政时，他每早视朝，待奏启完毕，便在奉天门，或华盖殿、武英殿，赐百官食。文官在东面，武官在西面，重行列位。赞礼赞拜叩头，然后就坐。光禄寺进膳案后，依次设馔。食罢，百官仍拜，叩头而退。这种"宴享"，每日如此。①

　　从这个角度上说，紫禁城每天都要设宴，并不为过，正如典籍所载，此为"常宴"②。从整体"宴享"来看，"宴享"如同各种花卉汇聚的园圃，使人眼花

―――――――――

① 朱国桢：《涌幢小品》卷一《视朝赐食》。
② 《明会典》卷七十二《宴礼》。

明劉伯溫進天書
佐 太祖

缭乱。除最为常见的"常宴"外，从规模上分，还有大宴、中宴、小宴。

明洪武二十六年（1397），"大宴仪"制定，其仪式繁缛，名目纷呈。[①]清代"大宴"更为明确，主要为八个方面：一是万寿宴，二是千秋宴，三是宗室宴，四是外藩宴，五是千叟宴，六是凯旋宴，七是皇子婚礼宴，八是公主下嫁宴。[②]

从类别上分，有对文武百官的恩赐宴：驾幸太学筵宴，进士恩荣宴，纂修宴，武举宴，经筵酒饭，日讲酒饭，殿试酒饭，文华殿读卷官宴，吏部、兵部选官酒饭，朝贡见辞酒饭。文官有"琼林宴"，武将有"鹰扬宴"。[③]

从祭祀上分：祭祀筵宴；郊祀庆成；祭太庙享

◀（明）崇祯刻《广百将传》插图
图中场面是明代最高等级的宴席，正宫殿内，皇帝坐于东，大臣席于西，一席即一桌一椅

① 《明会典》卷七十二《大宴仪》。
② 《钦定大清会典》卷九十三。
③ 陈康祺：《郎潜纪闻初笔》卷十一《鹰扬宴》。

▲（清）康熙宫廷皇帝宴乐群臣图盘

▼（清）佚名 康熙六旬万寿庆典图第二卷（局部）

脶；祭社稷享胙；祭先农享胙；大祀圜丘文武百官汤饭；孟春祈谷；夏至方泽；春分朝日；秋分夕日祭毕，内外官酒饭；耕耤三公九卿执事等官酒饭；蚕坛酒饭。①

从节令上分，有正旦宴、冬至宴、万寿圣节宴、玉春宴、元宵宴、四月八日宴、端阳宴、腊八宴。②

从庆贺、寿诞上分，有慈宁宫筵宴仪、皇帝躬侍皇太后宴仪，皇后千秋内宴仪、皇贵妃贵妃千秋宴仪、丰泽园凯宴仪、紫光阁锡宴仪等。③

从招待外国来宾及国内少数民族王公方面分，有管待番夷土官筵宴、筵宴番夷土官桌面、番夷人等朔望朝见辞酒饭、番夷人等领宴、王国下程、番夷土官使臣下程、钦赐下程。④

此外，还有许多不知什么缘故而出的宴会。如除夕及新正的宫廷筵宴，用绣笼贮秋虫，只因起自康

---

① 《明会典》卷七十二《诸宴通例》。
② 《明会典》卷一百十四《筵宴》。
③ 《国朝宫史》卷七《典礼·三》。
④ 《明会典》卷一百十四《筵宴》。

熙，遇筵宴则有此承应，自后遂循行成为恒制。①

依此累加，一年三百六十五日，明清宫廷的"宴享"当似高天上的流云，日日变幻，却永无绝期，而且，它有着天下独尊的特点。综合观察，有四点最为显著。

程仪恢宏　乐舞相和

在明清宫廷"宴享"未设之前，需排开庄严的仪仗。明代戏剧中一监督宴会的殿头官与一校尉之间有一段对话，可以为证：

[扮殿头官上]新衫一样殿头黄，银带排方獭尾长，禁鼓五更交早直，好催承应侍君王。下官殿头官是也，今者苗刘平定，主上燕赏功臣，不免催各司祗候，承应人员那里。[众上]承应人磕头。[官]你众人听着，今日中兴筵宴，非比等闲。各宜用心承应。那仪鸾卫司摆设何如？[校尉]老爹听禀。[西江月]卤簿驾头先设，五门五岳仪锽。衔刀班剑与旗常，白

---

① 吴振棫：《养吉斋丛录》卷十四。

鹭绣鸾驯象，玉兔龙旗雉扇，负图金节辉煌，鸣鞭响处见君王，端拱九重天上。①

倘若说这是文艺作品中所描写的，那么史实可以证明，若为皇帝设"万寿宴"，的确是要设"大驾卤簿之制"：

九曲柄，四龙伞，十六直柄九龙伞，六直柄瑞草伞，六直柄花伞，八方伞。二十大刀，二十弓矢，二十豹尾枪，四龙头方天戟。二黄麾，四绛引幡，四信幡，四传教幡，四告止幡，四政平讼理幡，八仪锽氅，四羽葆幢，一青龙幢，一白龙幢，一朱雀幢，一神武幢，四豹尾幡，四龙头竿幡，四金节，二十销金龙纛，二十销金龙小旗，六金钺，十马，八鸾凤扇，十二单龙扇，二十双龙扇，二拂子，六红镫，二金香炉，二金瓶，二金香盒，一金唾壶，一金盆，一金机，一金交椅，一金脚踏，六御仗，六星，八篦头，三十棕荐，三十静鞭，七十二品级山，二肃

---

① 张四维：《双烈记》第二十六出《策勋》。

静旗，二金鼓旗，二白泽旗，八门旗，一日旗，一月旗，一风旗，一云旗，一雷旗，一雨旗，五纬旗五，二十八宿旗各一，一北斗旗，五五岳旗，四四渎旗，青龙、白虎、朱雀、神武、天鹿、天马、鸾麟、熊黑旗各一。立瓜、卧瓜、吾仗各六。二十四画角，四十八鼓，八大铜号，八小铜号，金、金钲，仗鼓各四，十二龙头笛，四串板。①

　　华贵的仪仗，还须加上珍奇的摆设：左设妆花白玉瓶，右摆玛瑙珊瑚树；进酒宫娥双洛甫，添香美女两嫦娥；黄金炉内麝檀香，琥珀杯中珍珠滴；两边围绕秀屏开，满座重铺销金簟；金盘犀筷，掩映龙凤珍馐，整整齐齐，另是一般气象。绣屏锦帐，围绕花卉翎毛，迭迭重重，自然彩色稀奇。②

　　在筵宴进行过程中，还要出动大量的侍卫执事筵宴。据《内务府奏销档》记：在太和殿设筵宴，为体现隆重，开始之前，先期以上三旗护军营，前锋营官

---

① 《清史稿》卷一百五《志》八十。
② 许仲琳：《封神演义》第二十回，齐鲁书社，1980年版。

兵负责布席。太和殿内，宝座前设皇帝御宴桌张，由护军参领六人举御馔桌案，护军参领六人监视其事；殿内另设的王公大臣官员等一百零五张桌席，用八十护军校、八十护军，十前锋校布置各桌。其间，身着蟒袍、补褂的领侍卫内大臣等，督视殿内外布席事宜。待皇帝摆驾出宫，则由后扈大臣二人、前引大臣十人，豹尾班侍卫二十人导引升殿入席。

宴会开始之后，各当值侍卫即按例在殿内、殿外执事：除前引、后扈大臣和豹尾班侍卫外，殿后隔扇两旁向有派出五员乾清门侍卫，管束丹陛上侍卫二十员，稽查管束丹陛头层下护军统领二员，率领该管章京等稽查管束。

筵宴之初，常由侍卫班领等指示侍卫向各王公大臣官员赏茶。赏酒之时，御前侍卫则执金卮盛酒以待，皇帝有旨赐饮，乃赏王公大臣御酒，同时，有领侍卫内大臣二人起立，随时指示一、二等侍卫执壶巡酒，遍赐各桌官员。

宴会当中，诸侍卫官司员在筵宴中的桌席位置亦紧护于御前，如后扈大臣及豹尾班侍卫宴席设在御席之后，前引大臣席设于御座前左右两侧。这就如同平常侍卫皇帝一样……

皇宫筵宴时，还要有乐舞伴奏。所以，宫廷很重视教坊司的本事，如明代戏剧中在皇宫宴会上一官员检查伴奏乐舞时所说：

那教坊司本事如何？［丑］老爹听禀［西江月］十棒轻敲画鼓，六么慢奏笙簧，翠盘舞罢紫霓裳，小玉伊川齐唱，本家阮内妆束，清平翰苑新腔，梨园杂剧擅当场，便是李龟年不让。①

在明代筵宴上，从向皇帝进第一爵酒开始，教坊司便跪奏乐曲。第一曲为《炎精开运之曲》，第二为《皇风之曲》，第三为《眷皇明之曲》，第四为《天道传之曲》，第五为《振皇纲之曲》，第六为《金陵之曲》，第七为《长扬之曲》，第八为《芳醴之曲》，第九为《驾六龙之曲》。其间穿插表演《平定天下之舞》《抚安四夷之舞》《车书会同之舞》等具有强烈政治色彩的歌舞，并不乏"百戏承应"。

---

① 张四维：《双烈记》第二十六出《策勋》。

▲（明）佚名 明皇出警图·奏乐队伍（局部）

在这方面，清宫筵宴歌舞最有特色。清宫筵宴中的歌舞主要是称为对舞、文舞的"喜起舞"，武舞的"扬烈舞"，也称"蟒式舞"。这两种舞蹈又统称为"庆隆舞"。这种被清朝统治者视为"国舞"的乐舞，常常在"大宴享"中出演，舞者都由满、蒙及宗室大臣侍卫充当，无论品级都戴元狐冠红宝石冠帽，着貂厢朝衣，佩嵌宝腰刀。演唱一人，用八旗章京及护军充当，戴玄豹冠，着玄豹褂，随舞歌唱。①

舞者除应节合拍，做古人起舞之意。又在庭外丹陛，做虎豹异兽形，做"八大人"骑禺马逐射状，以表沿古人傩礼之意。② 在乐舞举行之间，又有歌筛吹乐人入殿席地歌唱，还有蒙古乐、回子乐、番子乐、廓尔喀乐、朝鲜国俳、安南乐、缅甸乐等少数民族和外国乐舞穿插上演。

尤为"蟒式舞"，非隆重欢庆盛典不用，如康熙四十九年（1710）皇太后七旬大寿时，康熙就举着酒杯跳"蟒式舞"，以示祝贺。③ 而且在"蟒式舞"举

---

① 奕赓：《佳梦轩丛著》，《东华录》第四卷《缀言》。
② 昭梿：《啸亭续录》卷一《喜起庆隆二舞》。
③ 余金：《熙朝新语》卷四。

行过程中，夹入各式"百戏"，以掀起宫廷宴的热烈气氛：

> 轻身似出都卢国，假面或着兰陵王。
> 盘空筋斗最奇绝，如电砜磾星光芒。
> 解红俄作小儿舞，文衣绰縿颜赤霜。
> 戏马阑边身便旋，斗鸡坊底神飞翔。
> 踏歌两两试灯节，秧歌面面熙春阳。
> 牵丝底用魁礧子，阿鹊雅擅簃篠娘。
> 双童夹镜技挥脱，晚出绝艺惊老苍。
> 弄丸一串珠落手，舞剑百道金飞铓……①

这样的筵宴乐舞，实质就是一场高水平的技艺演出了。

等级森严 规制庞大

明代，每逢午门外钦赐筵宴，光禄寺将与宴官员各照衙门官品，开写职衔、姓名贴注在席上，务于候

---

① 汤右曾：《怀清堂集》卷五《莽式歌》。

香港诸陈十八
阶所雨月颜成述
行献山海岸等姓
杨家君注合一
朕会浏父常慎
尔永视此子合
文恩饶爱恩饶
叟人知吾不嗜杀

八宜昭
宴紫光臺湾凯
巾值山庄敏稱七
志七功就又报一
即一军偿责满拍
益坏扬永安
民知能繫懷
益坏此玫之

西城毫

御笔

赐凯旋将军福康
安泰绩海蘭察
等宫印库成什
乾隆戊申孟秋

▲〔清〕杨大章等　平定台湾得胜图·凯旋赐宴（局部）

朝处所整齐班行，待叩头毕，大臣就坐，方许按次照名就席，不得预先入坐，及越次失仪。如大臣带领多人跟随，有紊朝仪，违者要遭到指名纠奏。

在明初，凡文武官员遇筵宴，四品以上官，文东武西，各照品级上殿侍坐，五品以下，在殿下丹墀内文东武西，各照品级序坐，其奉特旨赐殿内坐者不在此限。假如在奉天门，则四品以上官坐于门上，五品以下官坐在丹墀内，务要容止恭肃，不许搀越喧哗。

尤其是在大宴时，礼节更是严格。由尚宝司设御座在奉天殿，锦衣卫设黄麾在殿外的东、西，此地还同设金吾等卫二十四员护卫官，教坊司设九奏乐歌在殿内，设大乐在殿外，在殿下立三舞杂队。光禄寺官员在御座下的西面设酒亭，在御座的东面设膳亭，珍馐醢醯设置在酒膳亭的东、西，御座的东、西设御筵，群臣四品以上的位置在殿内的东、西，群臣的酒樽食桌设在殿外，五品以下的群臣的位桌在东、西两廊，司壶、尚食各司其职，引礼引群臣在大殿外面，东、西方向对面肃立。

这时，仪礼司官员跪奏请开座驾兴，大乐作起，皇帝升座，鸣鞭，乐止。鸣赞引文武官员四品以上的，由东、西门进殿中，横班北向立，五品以下的官员在殿外丹墀列队，北向立。乐作，赞四拜。乐止，此后，光禄寺官员才在大乐声中进御筵。[①]

在清代，一位外国人以感慨的态度记录了他目睹的一次宫廷宴会的情景——二三人或四人共坐一桌，总共不少于两百桌。桌上的食物摆成三层或四层。尤其是他们对皇帝的恭敬，如送茶的领头人取杯，另一官员向杯里倒茶，二人都须跪着。送杯的领头人起立，双手举杯过头，郑重地走到皇帝面前下跪，将杯呈献给皇帝，皇帝略饮一点后将杯送还。送杯人以同样庄重的形式将杯带回。皇帝饮茶前后，他们都必须单腿下跪，拜倒在地。[②]

"宴享"还体现在与宴人的等级上。在清代宫廷宴会中，分满、汉两种席面。

满席一等席用面百二十斤，红白馓支三盘、饼饵二十四盘又二碗、干鲜果十有八盘（四十七盘碗）；

二等席用面百斤，品数与一等席同；

---

① 《明会典》卷七十二《宴礼》《大宴仪》《中宴常宴》《诸宴通例》。
② 《张诚日记》，《清史资料》五辑，中华书局，1984年版。

▲（清）姚文瀚 紫光阁赐宴图

三等席用面八十斤，红白馎馓三盘、棋子四碗、麻花四盘、饼饵十有六盘、干鲜果十有八盘（四十五盘碗）；

四等席用面六十斤，红白馎馓三盘、棋子四碗、麻花四盘、饼饵十有六盘、干鲜果十有八盘（四十五盘碗）；

五等席用面四十斤，品数与四等席相同；

六等席用面二十斤，红白馎馓三盘、棋子二碗、麻花二盘、饼饵十有二盘、干鲜果十有八盘（三十七盘碗）。[①]

汉席分一、二、三等及上席、中席五类。

一等汉席：肉馔，鹅、鱼、鸡、鸭、猪肉等二十三碗，果食八碗，蒸食二碗，蔬食四碗；

二等汉席：肉馔二十碗，不用鹅，果食以下，与一等席同；

三等汉席：肉馔十五碗，不用鹅、鸭，果食以下与二等席同。[②]

---

① 《乾隆钦定大清会典则例》卷一五三。
② 《光绪钦定大清会典》卷七十三。

上席：高桌陈设宝装一座，用面二斤八两，宝装花一攒，肉馔九碗，果食五盘，蒸食七盘，蔬菜四碟；矮桌陈设猪肉、羊肉各一方，鱼一尾。

中席：高桌陈设宝装一座，用面二斤，绢花三朵，肉馔以下，与上席高桌同。[①]

分为六等的满席，价钱不一，用途各异：

一等席，每桌价银八两，一般用于帝、后去世后的随筵；

二等席，每桌价银七两二钱三分四厘，一般用于皇贵妃去世后的随筵；

三等席，每桌银五两四钱四分，一般用于贵妃、妃和嫔去世后的随筵；

四等席，每桌价银四两四钱三分，主要用于元旦、万寿、冬至三大节朝贺筵宴，皇帝大婚、大军凯旋、公主和郡王成婚等各种筵宴及贵人去世后的随筵等；

五等席，每桌价银三两三钱三分，主要用于筵宴朝鲜进贡的正、副使臣，西藏达赖喇嘛和班禅额尔德

---

① 《光绪钦定大清会典》卷七十三。

尼的贡使，除夕赐下嫁外藩之公主及蒙古王公、台吉等的馔宴；

六等席，每席价银二两二钱六分，主要用于赐宴经筵讲书，衍圣公来朝，越南、琉球、暹罗（今泰国）、缅甸、苏禄（今菲律宾的苏禄群岛）、南掌（今老挝）等国的贡使。

汉席的一、二、三等及上席、中席五类，主要用于临雍宴，文、武会试考官出闱宴，实录、会典等书开馆编纂日及告成日赐宴等。

其中，主考和知、贡举等官用一等席。

同考官、监试御史、提调官等用二等席。

内帘、外帘、收掌四所及礼部、光禄寺、鸿胪寺、太医院等各执事官，均用三等席。

文进士的恩荣宴、武进士的会武宴，主席大臣、读卷执事官用上席。

文、武进士和鸣赞官等用中席。

为了保证宴享制度的正常运行，明清两代均在皇城东华门内设专门管理国家筵宴的机构——光禄寺。朝廷所有的祭飨、宴劳、酒醴、膳馐之事，都由光禄寺辨其名数，会其出入，量其丰约，凡是请视牲、进饮福酒胙、荐新、供品物、丧葬供祭物、果、蔬，宴待番夷贡使、差其等供，传奉宣索等，均由光禄寺一手操办。光禄寺设有大宫、珍馐、良醢、掌醢四署，司牲、司牧二局，具体分负宴享事项。①

皇族的日常膳食管理，明清有所不同，明代在天启以前，皇帝的每日所进御膳，由司礼监办理，万历年间改由"尚膳监"办理。②但总括来看，在许多典籍记录中，"尚膳监"掌管御膳与宫内食物最为通行。③附属于这一系统的还有"御酒房""甜食房""林衡署""蕃毓署""嘉蔬署""良牧署""御茶房"等。

清代宫廷膳食，则由管理皇族事物的内务府下属的"御茶房""御膳房"专管。④"御茶房""御膳房"内又分七部。

膳房：负责管理各膳房、饭房的事务，如管辖专

---

① 孙承泽：《春明梦余录》卷二十七《光禄寺》。
② 刘若愚：《酌中志》卷之十六《尚膳监》。
③ 王世贞：《凤州杂编》卷五；明末遗民：《溇闻续笔》卷三；孙承泽：《天府广记》卷十五《礼部·内侍之制》。
④《国朝宫史》卷二十一《官制·二》。

掌军机大臣、南书房翰林等御前重臣和各处侍卫的侍卫饭房。

茶房：负责管理各茶房及清茶房的事务，如管理皇子茶房。

宫监：负责指挥各茶房、膳房内服役的太监。

库房：内分存储和供应的肉房、干肉库和家伙库。肉房是专管新鲜牛、羊、猪、鹿、鸡、鸭、鱼各种肉食；干肉库是储藏各种腌、腊、熏、冻肉类；家伙库是存放金、银、铜、瓷等项器皿的。

收鲜处：收藏各种新鲜蔬菜及作料等物。

买办处：负责采购各种物品。

档房：办理各种文牍事宜。[①]

自乾隆十五年（1750）起，"御膳房"又分设内、外两房。[②] 内膳房下设荤局、素局、点心局、饭局和膳房库，专做帝、后和妃嫔们的日常膳食。此一制度一直延续到清末。

宫中日常所需的柴米油盐酱醋茶等原料、食品，

---

① 王树卿：《清代宫中膳食》，载《故宫博物院院刊》，1983（3）。

②《钦定大清会典事例》卷一一七三。

则由"掌关防管理内管领事务处"总管及下属的官三仓、内、外饽饽房,酒醋房,菜房,司器库等处供应。其分工如下。

官三仓:凡内廷分例、各处分例及祭祀、筵宴等所需米、麦、盐、蜜、糖、蜡、油、面及豆、谷、芝麻、高粱等一切杂粮,并家伙等项,俱由"官三仓"照例备办。①

内饽饽房:每日帝、后早、晚随膳用的各样饽饽,每月朔、望两日佛楼上用的"炉食供"、佛城用的"玉露霜供",平时内用、赏用的饽饽、馇子、拉拉、花糕,每年上元、端午、中秋宫中所需的元宵、粽子、月饼,均归内饽饽房承做。②

外饽饽房:帝、后御用宴桌、供桌、大宴桌、筵宴外藩蒙古王公用的班桌、筵宴各位妃嫔和皇子用的翟鸟桌和内用桌、专备赏赐用的跟桌、佛前上供用的小供桌、七星供桌、各寺庙用的供饼,均由外饽饽房承办。③

---

① 《钦定大清会典》卷九五。
② 《钦定大清会典》卷九五。
③ 《钦定大清会典》卷九五。

◀（清）王翚 康熙南巡图卷十·江宁府较场（局部）
记录了皇家厨役的景象

酒醋房：承做宫中所需玉泉酒、白酒、醋、豆酱、面酱、清酱、酱包瓜、酱整瓜、酱瓜条、酱王瓜、酱茄子、酱苤蓝、酱胡萝卜、酱紫姜、酱糖醋蒜、酱豆豉、酱莴笋、酱冬瓜片等。①

菜房：负责管理和供应宫中所用的瓜菜，如香瓜、西瓜、杂样干菜、新豌豆、黄豆角、白菜、芥菜、韭菜、黄瓜、茄子、葱等。②

司器库：器皿库，负责管理、供应筵宴所用的大宴桌、班桌、供桌、翟鸟桌、内用桌等桌张，及银、黄铜、镀金铜、黄白铜等各式盘、大碗、茶碗、碟、匙、碗盖、膳盘等。③

如此庞大的管理、供应系统，要有一支庞大的厨役队伍相匹配。明宣德十年（1435），朝廷有六千八百八十四名厨役。正统年间，厨役达六千四百余名。④明嘉靖八年（1529），吃粮的厨役有五千零六十四名，九年议准以四千名为额。十六年，又增

---

① 《钦定大清会典》卷九五。
② 《钦定大清会典》卷九五。
③ 《钦定大清会典》卷九五。
④ 《明会典》卷一百十六《光禄寺厨役》。

一百名。嘉靖三十四年（1555）后，减至三千六百名。明隆庆元年（1567），题准为二千四百名，这一数量，成为明代宫中厨役永久定额。[1]

按明代军队的编制来看，明代在要害之地，如"连郡者设卫"，一卫为五千六百人。[2]维持内廷宴享，则要经常保持二千四百人的厨役队伍，而且多时可高达六千八百八十四人，将这支厨役队伍当成"一卫"军旅，是有过之而无不及的。据粗略统计，清代内廷各膳房服役人员也经常保持在四千多人。[3]

笼络感情　以示恩宠

在大大小小的宴享活动中，有时宴饮的内容要退到极其次要的位置上，而借宴会彰显皇家恩典的意义要居首位。不管是排宴内廷，还是款待外国使臣，皇家都渗透和突出着一个"天心感恪人欢忭"[4]"使知朝

---

[1] 余继登：《典故纪闻》卷十一。

[2] 《明史》卷九十《兵·二》。

[3] 爱新觉罗·恒兰：《清宫御寿两房遗闻》，载《北京文史资料选编》第26辑。

[4] 《明会典》卷七十三《礼部·大宴乐》。

廷恩泽”的指导思想。[①]

例如“琼林宴”：

［丑］告大人。俱已完备了。［末］什么食品？［丑］（西江月）翠釜驼峰骨笋，银盘鲙缕丝飞，凤胎虬脯素麟脂，犀筋从教厌饫。［末］更有什么？［丑］异品朱樱绿笋。香菹紫蕨青葵，五斋七醢与三臛，总是仙庖珍味。［末］怎生铺设？［丑］［临江仙］只见馥郁沈烟喷瑞兽，氤氲酒满金垒，绮罗缭绕玳筵开，人间真福地，天上小蓬莱，绣缛金屏光灿烂，红丝翠管喧阗，琼林潇洒绝纤埃，纷纷人簇拥，候取状元来。[②]

待那新科进士齐集拜揖入座，二人一席，席各陈干果十几式，坐定后旋起拜辞去，干果则由伺役一抢而空。这颇有些像戏台上的欢宴，只差吹牌子了。[③]即使肴馔满前，也不能举筷，少坐，起，谢恩出。

---

① 《明会典》卷一百九《礼部·宾客》。
② 邵璨：《香囊记》第十出《琼林》。
③ 邵璨：《香囊记》第十出《琼林》。

于此看来，参加皇家宴会，饱餐美味不是参加宴会的目的，而主要是一种无上的荣耀。"难消受，难消受，无穷圣情，何以报，何以报，非常宠命，御手自调羹，躬逢何盛，又说甚推食淮阴，前席贾生。""词臣才子承恩幸，旷古今朝独盛，长愿取千秋侍圣明。"①

清嘉庆九年（1804），嘉庆来到翰林院举行宴会，当时在院供职的二百零二人，均参加了宴会，席间还有内府的剧团演出了"群仙聚庆""十八学士登瀛洲"等剧，传谕诸臣各将馔肴带回。翰林学士赵慎珍捧馔领赐归家，写下了"非常旷典，荣被一门，不胜感幸"②。而这只不过是在皇家所有宴会中一次小型的聚宴。

据说明代曾数次入相的商辂，后为自遣，便更名于地方。有富翁的幼子择师，商辂应聘，主人对他很简慢。当时正好主人母亲做寿宴客，独不请商。第二天，商辂穿戴整齐来到寿堂，主人无法只好招商饮

---

① 张伯驹：《春游琐谈》卷四《琼林宴》。
② 胡文焕：《群音类选》卷十四《青莲记·御手调羹》。

酒。商辂又据上座不让，众人不悦。有人发问：先生平居上座有几回？商辂屈指说："五回。年青娶妻，到丈人家坐上座，这是第一回。"众人都笑。商辂慢慢又说："领先荐赴'鹿鸣宴'，这是第二回上座。"众人大惊失色。商辂又说："成进士，'琼林宴'，这是第三回上座。赴'恩荣宴'，第四回上座。去春天子宴朝臣，老夫领班，第五回上座。"这时，主人起身，一遍遍向商辂拜谢。①商辂之所以举出他参加过多次朝廷的宴会，无非因为参与朝廷宴会是获得皇帝恩宠的一种象征。

从统治者角度观察，宴请宗室臣属，则成为一种配合政治举措的笼络手段。在清代，每逢元旦及上元日，皇帝都要钦点皇子、皇孙及近支王、贝勒、公曲宴于乾清宫，及奉三无私殿，宴会时，每二人一席，均用高椅盛馔，赋诗饮酒，行家人礼节。乾隆四十七年，在乾清宫普宴家室，竟达三千余人，可称一时之盛。②每年上元后一日，皇帝又钦点大学士九卿中有

---

① 朱克敬：《雨窗消意录》甲部卷一。
② 昭梿：《啸亭续录》卷一《宗室宴》。

▲（清）郎世宁等 万树园赐宴图（局部）

功勋者宴会在奉三无私殿，名为"廷臣宴"，礼节一如宗室礼。蒙古王公也都来参加这个宴会。

由于清代版图空前统一，每到年终，南北诸藩轮番入朝拜贺。所以，皇帝于除夕在保和殿设宴招待他们，也叫一、二品武臣侍座。新年后的三天，又在紫光阁设宴，上元再在正大光明殿设宴，传一品文武大臣入座陪宴。①

乾隆中期，由于安定新疆，这种情况达到高潮。哈萨克、布鲁特等部争先入贡，乾隆或在山高水长殿前，或在避暑山庄万树园中，在可容千余人的大黄幄殿中设宴，大宴朝拜的少数民族首领，宗室王公也都来参加。这时，往往是乾隆亲赐卮酒，对新降诸王、贝勒、伯克等也是这样，以表示"无外"，俗称这是"大蒙古包宴"②。

选择在万树园中的大蒙古包里宴请少数民族首领是有用意的。在方圆六十多公顷的旷野上，野花丛生，鹿鸣兔窜，草原景致，塞外风光，无疑会在少

---

① 昭梿：《啸亭续录》卷一《除夕上元筵宴外藩》。
② 昭梿：《啸亭续录》卷一《大蒙古包宴》。

数民族首领的心灵荡起感情的涟漪，更何况是皇帝亲自把盏，其乐融融。这种以宴请而行笼络之情的景况，正如康熙在《塞上宴诸藩》诗中所道破的："声教无私疆域远，省方随处示怀柔。"

"大蒙古包宴"每次要高达数百席面，并不完全是宴请西藏达赖、班禅贡使、维吾尔贵族、蒙古各部王公，同时还要宴请远道而来的外国使节。乾隆五十五年（1790）到避暑山庄进贡朝拜的外国使节就有：安南一百八十四人，南掌十五人，朝鲜三十余人，缅甸使臣三十二人。乾隆五十八年（1793），来避暑山庄晋见乾隆的英国马戛尔尼使团，其成员竟达七百余人。这个使团突出的一个感觉也是"在伙食的供应上，我们迄今是很少有理由可以提出异议的。关于这一方面，我们所受的待遇不仅是优渥的，而且是慷慨到极点"[1]。

将宴享与怀柔感化意图融合其间，显示了诸统治者娴熟的政治艺术腕力。在这方面的代表作，莫过于"千叟宴"了。史家普遍认为，在清代所有宫廷宴中，

---

① 爱尼斯·安德逊：《英使访华录》，商务印书馆，1963年版。

"千叟宴"是场面最盛、规模最大、准备最久，用费最高的宫廷巨宴。

"千叟宴"的举行主要是在康熙、乾隆两朝。第一次是康熙五十年，第二次是康熙六十年（1721），平均约十年举行一次。从康熙五十年举行的第一次"千叟宴"始，到乾隆六十年（1795）举行的第四次"千叟宴"止。在这八十多年的时间里，可以说清代历史放射出最耀眼的光芒。

举目四望：内平三藩，外御沙俄；兴修水利，减轻赋税；整顿吏治，打击朋党；抑制弊害，移民屯田；廓清回淮，议和修好，千里边陲，风送一片宁静。江南一带大面积推行双季稻，单位面积产量成倍增长，棉花种植热火朝天。康熙、乾隆不断东谒泰山，西视五台，南巡苏扬，北上祭祖……社会日趋稳定，民族矛盾和阶级矛盾相对缓和，国家的收入和储备不断增长。用康熙的话来说，此时清代真是"海宇升平，人民乐业"。难怪乾隆对西方使团入贡的先进

◀（清）佚名 万国来朝图（局部）

的科学仪器也是不屑一顾。①

在这种氛围中，用宴会辐射万物皆备于天朝的思想，是再理想不过了。而选身健长寿的老人与宴则是最理想不过了。所以，对何种年龄、哪种资格才能与宴等具体问题，康熙、乾隆大做文章，"千叟宴"尚未开始，朝廷上上下下已是沸沸扬扬，就好像一场大戏开幕前敲起一阵又一阵的紧锣密鼓，不断将圣上大宴老人的意图传遍长城内外、偏域僻壤。而从四面八方来与宴的老人们，长途跋涉，昼夜兼程，等于是进行一次最形象的宣传皇帝恩典的活动。

在这种态势下，从乾隆开始把与宴的代表面有所扩大，到了乾隆六十年第四次"千叟宴"已达五千人。如这次"千叟宴"外吏只有封疆大臣，年龄及格者才能得到恩旨入内，其他人是没有资格的。②可这时，人员已大大扩充到匠役、士民、兵丁中的高寿者，如 106 岁的安徽老民熊国沛、100 岁的山东老民邱承龙、99 岁的山西老民邓永玘、95 岁的提督衙门

---

① 《乾隆五十八年八月六日谕旨》。
② 陈康祺：《燕下乡脞录》卷六。

步甲文保、95 岁的提督衙门步甲舒昌阿、94 岁的安徽老民梁廷王、94 岁的镶白旗汉军马甲王廷柱、94 岁的内务府正黄旗铡草人田起龙、93 岁的内务府正白旗铡草人王大荣、93 岁的镶蓝旗满洲闲散觉罗乌库里，如此等等。

如同其他大典盛宴一样，"千叟宴"也是在鼓乐齐鸣的悠扬声中开始的。数千耆老群臣向皇帝行三跪九叩之礼，待"就位进茶"的高潮："赐群臣众叟酒。"

在丹墀两边设摆银包角花梨木桌两张，每桌安放银折盂一件，金杓、银杓各一把，玉酒钟 20 件。斟酒之后，执壶内管领和御前侍卫把酒安放在皇帝面前的膳桌上。接着，皇帝召一品大臣和年居 90 岁以上者至御座前下跪，亲赐卮酒。同时，命皇子、皇孙为殿内大臣王公进酒。大门侍卫手执红木盘，为檐下、丹墀耆老群臣进酒，并分赐食品。饮毕，酒钟俱赏。丹墀下群位各于座次再行一叩礼，以谢赐酒之恩。接着，内务府护军人等执盒上膳，群臣众叟开始进馔。①

---

① 《内务府来文·礼仪类·七十四》。

▲（清）日本冈田玉山 除日保和殿宴外藩蒙古 唐土名胜图会

除日保和殿宴二
外藩蒙古等

进馔分一等桌张和次等桌张。无论一等桌张还是次等桌张，都有蒸食寿意一盘，炉食寿意一盘，螺蛳盒小菜两个，乌木筷两只，另备肉丝烫饭，并备猪肉片、羊肉片两个火锅。不同的是，一等桌张火锅是银、锡各一，次等桌张火锅却是铜制。一等桌张上的膳品是鹿尾烧鹿肉一盘，煺羊肉乌叉一盘，次等桌张上的膳品则是煺羊肉一盘，烧狍肉一盘，而且，一等桌张上的膳品要比次等桌张上的膳品多荤菜四碗。①

上等桌张和次等桌张共计八百张，其耗费食物是相当多的。据内务府《御茶膳房簿册》记：

乾隆五十八年（1793）的"千叟宴"，共用去七百五十斤十二两白面，三十六斤二两白糖，三十斤五两澄沙，十斤二两香油，一百斤鸡蛋，十斤甜酱，五斤白盐，三斤二两绿豆粉，四斗二合江米，二十五斤山药，六斤十二两核桃仁，十斤二两晒干枣，五两香蕈，一千七百斤猪肉，八百五十只菜鸭，八百五十只菜鸡，一千七百个肘子。

又据《内务府奏销档》记："千叟宴"每席用玉

---

① 刘桂林：《千叟宴》，载《故宫博物院院刊》，1981（2）。

泉酒八两，八百席共用玉泉酒六百四十斤，所以有人写诗赞道："许听天乐尝御膳，载蒙锡予蕃难算。"①

供献祭祀　寓意深远

用食物对列祖列宗的供献祭祀，在明清宫廷宴享制度中占有很特殊的地位。它虽不是皇帝日常所食用，但却几乎就是皇帝日常膳食中极为重要的部分。

因为一般向皇帝进供的食物，都要拿出一部分向祖宗"荐新"。明代每年正月十五等日选办鲤、鳔、鲊、蛤蜊等，三月出江采打鲥鱼，都是取其头网，俱进贡奉先殿"荐新"②，这已成为固定的规矩。

每一年皇家都要用充分的食物来表示对祖宗的虔诚。仅各种时鲜水果一项就可看出皇家对太庙一年正祭的投入：胡桃二千九十余斤，红枣二千六百余斤，栗子二千六百余斤，荔枝一千四百余斤，圆眼一千四百余斤。而这仅是宛平县承担的一半，大兴县所承担的一半尚不计算在内。③

---

① 伊秉绶：《随侍入预千叟宴纪恩》。
② 《明会典》卷二百一十七《光禄寺·掌醢署》。
③ 沈榜：《宛署杂记》第十四卷《以字·一宗庙》。

而且，"荐新"食物从食用角度要名副其实——

正月——韭菜、荠菜、生菜、鸡子、鸭子。

二月——水芹、蒌蒿、台菜、子鹅。

三月——茶、笋、鲤鱼、鳖鱼。

四月——樱桃、梅、杏、鲥鱼、雉。

五月——新麦、王瓜、桃、李、来檎、嫩鸡。

六月——西瓜、甜瓜、莲子、冬瓜。

七月——菱、梨、红枣、葡萄。

八月——芡、新米、藕、茭白、姜、鳜鱼。

九月——小红豆、栗、柿、橙、蟹、鳊鱼。

十月——木瓜、柑、橘、芦菔、兔、雁。

十一月——荞麦、甘蔗、天鹅、鹧鸪、鹿。

十二月——芥菜、菠菜、白鱼、鲫鱼。

　　活着的皇帝欲将自己享受到的时令食物也要敬献给阴间的列祖列宗品尝。即使在号称简约的明洪武年

▶（清）无款 祭先农坛图上卷（局部）

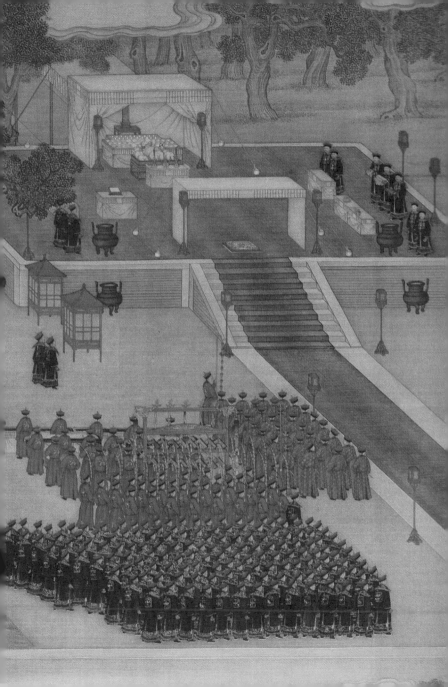

间，在朝廷免去亲王、妃子牛、羊肉或免支牛乳的情况下，也要向奉先殿日进合乎程仪的二膳。

这些食物的供献仪式，都是由皇帝亲自躬行，后改为太常寺主持，凡是"时物"由太常寺先荐宗庙，再贡给皇帝享用。假如有各处另外再进的"新物"，还要对每月的"荐新"进行补充。凡是"荐新""献新"，均在奉先殿进行。以明代南京奉先殿祭祀时的德祖帝后、懿祖帝后、熙祖帝后、仁祖帝后、建文年加太祖帝后、永乐年间加文皇后，共十一位帝后的常供食物为例：

一日，旸。二日，卷煎。三日，细糖。四日，巴茶。五日，糖酥饼。六日，两熟鱼。七日，蒸卷加蒸羊。八日，金花蜜饼。九日，糖蒸饼。十日，肉油酥。十一日，糖枣糕。十二日，沙炉烧饼。十三日，糖砂馅。十四日，羊肉馒头。十五日，雪糕。十六日，肥面角。十七日，蜂糖糕。十八日，酥油烧饼。十九日，象眼糕。二十日，酥皮角。二十一日，髓饼。二十二日，卷饼。二十三日，蜜酥饼。二十四日，烫面烧饼。二十五日，麻腻面。二十六日，椒盐饼。二十七日，御荽。二十八日，芝麻糖烧饼。

二十九日，蓼花。三十日，酪。

这种供献，分早、午二上，内列三爵。爵东，摆米饭、肉食；爵西，鸡，鹅，日用茶。爵南中茶，东西列小菜。南中酒壶，壶西汁壶，汁用猪脊骨煎。东茶壶若立春时，用馒头代馐，加春饼、春茧，上元用圆子灯茧，四月初八佛诞日，用不落荚代膳加乌饭，端午用米粽代膳加凉糕，七夕用大馒头代膳加山药，中秋代膳同上，重九加素丝糕、枣亭糕、糖枣糕，十月初一加米糕、细糖、白糖、芝麻糖、冻鱼，腊日用蒜面，圣节用索面。①

愈到后来则愈甚。明崇祯时，奉先殿的每日供养略有变易，从月初到月末，每日的饮食依次是：

卷煎、髓饼、沙炉烧饼、蓼花、羊肉肥面角儿、糖沙馅馒头、巴茶、蜜酥饼、肉油酥、糖蒸饼、烫面烧饼、椒盐饼、羊肉小馒头、细糖、玉荬白、千层饼、酥皮角、糖枣糕、芝麻烧饼、卷饼、熰羊蒸卷、雪糕、夹糖糕、两熟鱼、象眼糕、酥油烧饼。

以上一个月共用银一千五百九十二两四钱。假

---

① 孙承泽：《恩陵典礼记》卷三《奉先殿每日供养》。

如每月遇十五日，奉先殿还用九口猪，五只羊，四只大尾羊，香油、枣、柿、葡萄、荔枝、梨、水粉诸件，用去一百六十八两银子。四月初八"献新"，仅"不落荚"一项就用去一百六十九两四钱银子。[1]而一年"荐新"总共用十四只子鹅，可是养鹅、鸭却多至四千二三百只，为这些鹅、鸭一年要支出三千七八百石杂粮，还要用八十三名军士，专一看养。[2]"荐新"耗费之大比皇家的日常膳食是毫不逊色的。

尽管如此，奉先殿"荐新"作为宫廷宴享制度的一部分仍然年复一年按照已有的规模进行下来。清代的奉先殿"荐新"全盘继承了明代奉先殿"荐新"的余绪，着重于时令食物：

正月——鲤鱼、青韭、鸭卵。

二月——莴苣菜、菠菜、小葱、芹菜、鳜鱼。

三月——黄瓜萎、蒿菜、云台菜、茼蒿菜、水萝卜。

---

① 《梁端肃公奏议·复议节财用疏》，《明经世文编》卷一〇二。
② 《国朝宫史》卷六《典礼·二》。

四月——樱桃、茄子、雏鸡。

五月——杏、李、蕨菜、香瓜子、鹅桃、桑葚。

六月——杜梨、西瓜、葡萄、苹果。

七月——梨、莲子、榛仁、藕、野鸡。

八月——山药、栗实、野鸭。

九月——柿、雁。

十月——松仁、软枣、蘑菇、木耳。

十一月——银鱼、鹿肉。

十二月——蓼芽、绿豆芽、兔、鲟、鳇鱼。

清代"荐新"的规制基本没有超出明代"荐新"的范围。除"荐新"外，与明代有明显不同的是，清代还将入关前的满族饮食习俗掺入宫廷的供献祭祀制度中，这当推每年正月、十月大祭，每日朝祭、夕祭的坤宁宫"吃肉大典"为代表。

如正月初旬及每月朔日朝祀之礼，皇帝都要亲诣坤宁宫行祭神礼，礼成后，列猪肉于长案前，皇帝在南炕上升座，进猪肉。这时，皇帝召王公、大臣于炕前，赐座，随同食肉。皇后则在东暖阁率贵妃等人，同受猪肉分尝。若不是皇帝亲祭之日，值班大臣、侍卫进宫食肉。凡"礼肉"不能出门，皮脂送膳房，骨、胆、蹄、爪投入河。

夕祀之礼。在礼成后，司俎刲猪，做熟荐上，陈颈骨及胆在案上左右的银盘内，缕肉为脍，列二碗，摆筷子，炊稗为饭，列二碗，摆匙，相间以献。皇帝行礼，礼成，司俎等散奉颈骨于"神杆"顶端，置胆、脍及米在杆碗内，遂立杆，献肉与饭，皇帝、皇后受献。[①]

在朝、夕祭祀礼举行过程中，还要由司祝诵"朝祭灌酒于猪耳""朝祭供肉"等祝词，以示庄严祭祀之意。[②]

每月皇子等在坤宁宫各祭神一次。每年春秋二季，十二月二十六日，四月八日佛诞日，均要在坤宁宫供奉神位祭祀，每次均要举行"食用大典"。食肉时，皇帝亲自用刀割析，诸位大臣也要用自佩刀割食，这是必须遵守的"国俗"[③]。皇帝食肉毕，侍食诸臣方置碗、匙，如肉未食尽，可赐侍卫们食用。如有

① 《国朝宫史》卷六《典礼·二》。
② 奕赓：《佳梦轩丛著·歌章祝词辑录下》。
③ 昭梿：《啸亭续录》卷一《派吃跳神肉及听戏王大臣》。

在告大臣或退休居住京师的大臣，也赐肉，或赐神糕。晚间祭背灯时，背灯肉交御膳房散给散秩臣及侍卫们分食。

每日祭神的常制是：用双猪，食肉者先向神板一叩，随席地而坐。[①]人各肉一盘，白细盐一碟，肉蘸盐花，可得半饱。[②]除特赏吃肉者外，御前差使，都可以在黎明时分到宫中吃肉。侍卫们由于此肉淡食无味，将厚高丽纸切成方块，用好酱油煮透晒干，藏在衣囊，到吃肉时，用一片置碗中，舀肉汁半盂浸泡，用肉片蘸食。[③]有人曾将这种天天都进行的"食肉大典"写词描述道："前朝忆，日日享明禋。交泰殿中初清宝，坤宁宫里正祈神，吃肉赏群臣。"[④]

这种祭祀、吃肉，是满族食俗在宫廷御膳中的鲜明体现。满族是以少数民族入主中原的，当清帝高踞那明代十七位汉族皇帝坐过的龙椅，面对着主要由

① 震钧：《天咫偶闻》卷一《皇城》。
② 信修明：《老太监的回忆·坤宁宫之神秘》，燕山出版社，1992年版。
③ 坐观老人：《清代野记》卷上《万历妈妈》。
④ 寿森：《望江南词》，石继昌藏本。

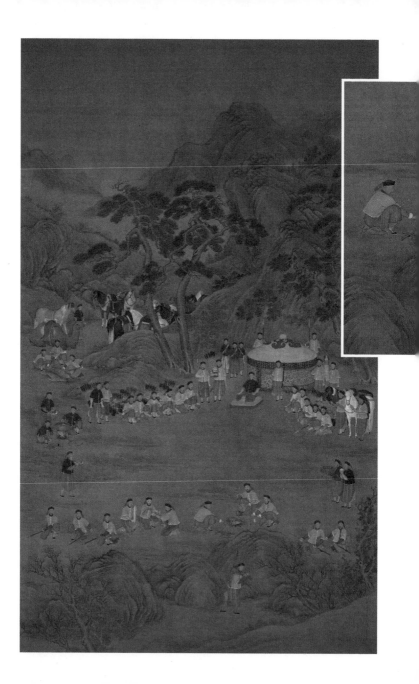

汉民族修筑起来的紫禁城，和那俯首叩头的汉族群臣时，他们是不会无动于衷的。为了使历经千辛万苦得来的社稷传于满族后代，世系绵延，他们自然要在汉民族的文化汪洋之中，顽强地保持着自己的精神与物质上的一块领地。坤宁宫的祭神、吃肉就是理想的模式之一。

尽管坤宁宫祭神对象是释迦牟尼、观世音菩萨、关圣帝君，但同时也供奉穆哩罕神、画像神、蒙古神等满族神，以平分秋色。最为主要的是供献祭祀的食品都是用红稷米、椴叶、苏叶、苏油、糜子米、铃铛麦等原料制成清一色的满族食品：

正月初三供馓子，二月初一供洒糕，三月初一日供打糕搓条饽饽，四月初一日供洒糕，四月初八日供椴叶饽饽，"遇五月则供椴叶饽饽，六月则供苏叶饽饽，七月则供淋浆糕，八月是供打糕、角子"①，九月初一日供打糕搓条饽饽，十月初一日供洒糕，十一月初一日、十二月初一日亦供洒糕。

由于猪肉制成的肴馔一向在清帝的御膳中所占比重颇大，如盘肉就是用祭祀煮肉之法做成，再用刀片好盛盘，即"祭神肉片一品"②，再有背灯肉、背灯肉片汤、烹白肉、猪肉片、白肉片、攒盘肉等，也是清帝御膳中常用的菜肴。所以清帝对食猪肉相当重视。

乾隆五十二年（1789），乾隆就针对每日祀神的祭肉不够洁净热暖，太监将整块好肉私行偷用，用冷

---

① 《大清会典事例》卷一千一百八十三《内务府·坤宁宫祭》。
② 《宫中乾隆元年至三年节次照常膳底档》。

肉瘦脊残剩皮骨充数，以致大臣侍卫等进内食肉渐少的现象，专下旨意，认为这是"风俗不古"的表现，不可不严行查禁。乾隆下令每日吃肉时，派御前侍卫等进宫分食，并遍加查看，假如仍有弊端，便据实具奏。除将总管太监治罪，专管太监要加倍治罪，并派内务府大臣于宫廷内随时稽查，若有私行偷出售卖祭神肉的，严拿究办。

乾隆之所以对"坤宁宫食肉"抓得这样紧，无非因为它寄予着"与世不同"的满族饮食理念。清代的皇帝，将这种特有的"食肉大典"作为一种生活方式，在宫廷中推广、实行起来，使满、汉群臣，近侍兵丁严加遵守。其意义就如同每年都举行的"凉棚宴"一样：

举办这种宴会，正值寒冷时节。但除皇帝一人坐宝座外，其余人皆坐在宫殿外搭起的四面敞开的"凉棚"里的棕毯上。地冻风寒，即使在温室内也要颤抖，更何况席地露天食冻饽饽、冰果子，这种大宴开始为卯时（上午六时），散席时已是辰刻末（上午九时），历时三个小时之久，其冰冷可想而知。但清代皇帝坚持每年在"长至节"举行这种"凉棚筵宴"。

其用意当然不是效学汉族的寒食风俗，而主要是基于满族发祥于寒冷的东北地域的生活习惯——滴水成冰的气候，使满族爱吃冷冻食物。而且，由于满族生产征伐，难得安居，无论富贵之族，还是贫苦人家，多吃黏食，这是因为黏性食品抗饿，吃了以后，身体强壮有力。冬天用黏米面包上小豆馅，放在冰天雪地中冻贮起来，食用方便，也能够保持味道的新鲜。入关之后，为防止王公显贵居安不思进取，奢侈败国，皇家采取了在凛凛寒风中搭起"凉棚"，让群臣席地而坐冷食冷饮满族食品，以使他们重温昔日满族攻战和狩猎的艰难生活……

清代皇帝就是这样费尽心思，使满族的传统寄予到饮食习惯中去，以发扬光大。

奢侈食尚

由于明清商品经济的发达，本来属于平民阶级的商人，迅速暴富。以富可敌国的两淮盐商为例，他们以不及十文一斤的盐价而转销各处，获利数十倍。（陶澍：《陶文毅公全集》卷十一《敬陈两淮盐务积弊附片》）

由于盐商拥资甚巨，所以在衣食住行上极尽铺陈之能事，仅肴馔日所费以百万计（杨钟羲：《意国文略》卷一《两淮盐法录要序》），其中扬州盐商饮食为最，享有"甲于天下"的称誉（李澄：《淮鹾备要》卷七），影响之广使人作出了商人没有一个不侈饮食的评论。

（李维桢：《大泌山房集》卷七一《吴雅士家传》）

以商人为主导的城市富豪阶层，食必兼味，夜必设筵，讲究无穷，争奇斗胜，创制出了许多新鲜花样，掀起了一阵又一阵奢靡风习……对明清饮食的倾向性起到了推波助澜的作用。

在明清，可以列入贵族之列的除皇帝外，主要是勋戚、中官、功臣、各级文武官员、士绅、地主[①]，他们多为城内的"世家巨族"[②]。

有的研究者还将清代的贵族分为三个类型，即宗室爱新觉罗贵族、民爵贵族、衍圣公孔府世袭贵族。

从中央的大学士、部院大臣到地方的县丞、主簿、巡检，以及八旗、绿营等政权文武衙门的管理人员形成官僚等级。

进士、举人、贡生、秀才和监生形成绅衿等级。

他们的共同特点是有政府颁布的爵禄的功名，有优免权，有司法优特权，尽管他们的特权有多寡差异，但都属于贵族等级。[③]

---

① 韩大成：《明代城市研究》，第六章，中华书局，2009年版。

② 张瀚：《奚囊蠹余》卷六《从弟太学生子益墓志铭》。

③ 冯尔康、常建华：《清人社会生活》第一章，天津人民出版社，1990年版。

在明清社会等级中有一个值得注意的现象，那就是在明清城市中涌现出来的：由大商人、大作坊主和高利贷者组成的富商巨贾集团。

本来，商人一直属于无权无势的平民阶层，但是由于明清资本主义萌芽的产生，使许多城市更加繁华，即使是偏远的山区小镇，也发展成为货物流通的中心市场，因而出现了许多著名的商人集团，如徽州商人、洞庭商人、浙江商人、闽商、粤商等。没有任何一个历史时期的商人像明清商人这样暴富过，因而，我们把商人引入贵族阶层中加以讨论。

由于商人主要从事商品交易活动，所以他们多居住在商品交易的中心城市。尤其是沿海城市，若明万历叶权记叙江南的情况那样："今天下大码头，若荆州、樟树、芜湖、上新河、枫桥、南濠、湖州市、瓜州、正阳、临清等处，最为商货辏集之所。其牙行经纪主人，率赚客钱。架高拥美，乘肥衣轻，挥金如粪土，以炫耀人目，使之投之。"①

这大体上概括了明代商人的情况。是商业活动的

①　叶权：《贤博编》，中华书局，1987年版。

需要，使他们割鹅开宴，招伎演戏，遂成常习。① 尤其明中叶以来，"富室召客，颇以饮馔相高，水陆之珍常至方丈，至于中人亦慕效之，一会之费，常耗数月之食"②。

当时的一位阿拉伯人曾用极其羡慕的口气，记录下了他所看到的中国人的这种奢侈习气，可作为商人宴饮的佐证：

世界上还没有人描述过中国人的宴会和礼仪。他们不论在花园里还是在庭院举行盛宴，都用许多盆景装饰点缀。这些盆景有的开着花，有的结着果，安排得整整齐齐。在树下，放着许多长条桌子，桌子上放着很多美味精致的食品。在每条长桌两旁放着成排的金饰椅子。一边坐着年轻的中国姑娘，另一边坐着乐师和歌手，各人都弹奏自己的乐器。唱歌的一般都是妙龄少女，这也是她们的一种职业。如果一位姑娘长得不够漂亮，她就得不到培养。因为每个应召的人都

---

① 张瀚：《奚囊蠹余》卷六《从弟太学生子益墓志铭》。
② 张瀚：《奚囊蠹余》卷六《从弟太学生子益墓志铭》。

▲（明）佚名 上元灯彩图（局部）

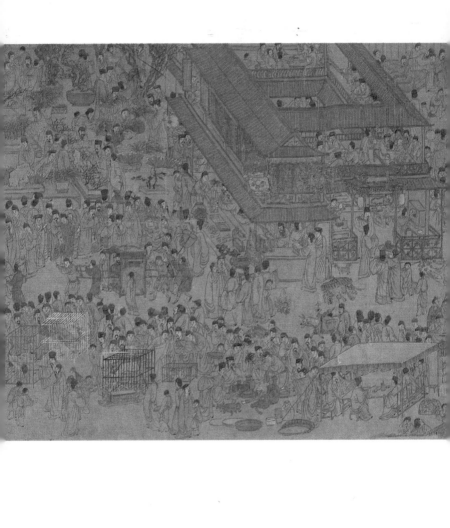

要受到考查，看是否有能力和具备条件。

演唱乐曲使宴会气氛更加热闹。人们在树下尽情欢乐，大吃大喝。园庭中的树修剪得十分美丽，树的枝杈都对称，盆景的树杈也对称，就像四角亭、柱廊、凉亭、回廊窗户、牌坊那样对称，翠绿的树枝上，挂着果实，十分好看。参加宴席的男人拥抱着美女，尽情欢乐，那些会唱善奏的艺人及舞伎随着乐曲翩翩起舞。只有亲临其境、亲享其乐者才能领会这种愉快和欢乐。除了中国有这样的宴席，在世界其他地方是看不见的。①

然而，这只是阿拉伯人从宏观角度，描绘出来的一般富人宴饮的图画。如果与那些富甲一方的大商人去比较，这幅图画就会黯然失色了。像《金瓶梅词话》中那集高利贷者、富商、恶霸于一身的西门庆，早餐一顿粥，就有"四个咸食，十样小菜，四碗顿烂：一碗蹄子，一碗鸽子雏儿，一碗春不老蒸乳饼，一碗馄饨鸡儿"，然后才是"银厢瓯儿里粳米投着各

---

① 阿里·阿克巴尔：《中国纪行》第十章。

▲ （清）明人宴饮演剧图

样榛松栗子果仁梅桂白糖粥儿。"①

午餐则是："先放了四碟桌果，然后又放了四碟案鲜：红邓邓的泰州鸭蛋，曲湾湾王瓜拌辽东金虾，香喷喷油煤的烧骨，秃肥肥干蒸的劈晒鸡。第二道，又是四碗嘎饭：一瓯儿滤蒸的烧鸭，一瓯儿水晶髈蹄，一瓯儿白猪肉，一瓯儿爆炒的腰子。落后才是里外青花白地瓷盘，盛着一盘红馥馥柳蒸的糟鲥鱼，馨香美味，入口而化，骨刺皆香。"②

有时半夜时分，西门庆也要吃上一顿，但就是这样的"便餐"，也是很丰盛："灯下拣了一碟鸭子肉，一碟鸽子雏儿，一碟银丝鲊，一碟掐的银苗豆芽菜，一碟黄芽韭和肉海蜇，一碟烧脏肉酿肠儿，一碟黄炒的银鱼，一碟春不老炒肉冬笋，两眼春槅。"③

"便餐"如此靡费，筵宴更无须赘言。在《金瓶梅词话》中所展现的盛宴，极尽阔大之式：先上"大嘎饭"（大菜、主菜）。所谓"五割三汤"，就是交替着上五道盛馔三道羹汤。第一道大菜几乎总是鹅（烧

---

① 兰陵笑笑生：《金瓶梅词话》第二二回。
② 兰陵笑笑生：《金瓶梅词话》第三四回。
③ 兰陵笑笑生：《金瓶梅词话》第七五回。

鹅、水晶鹅），接着是烧花猪肉、烧鸭、炖烂跨蹄儿
之类，隆重的官筵，还有烧鹿、绵缠羊。特别用个
"割"字，可以想象到禽类必是整只，肉类必是大蔽，
捧上来气派大。宴会还要配上音乐、戏文。[1]

史实上，有的明清商人已富逾王侯。如明代
的"夏言久贵用事，家厚富，高甍雕题，广囿曲池
之胜，媵侍便辟及音声八部，皆选服御，珍馐如王
公"。[2] 甚至有位富商为了饮食将其财散尽，但仍不
改奢侈，宁忍饥饿也不吃菜羹，稍入口中便吐出，宁
可忍饥也不食，一亲戚馈赠熟肉一盘，一食即尽，却
因肠胃饿损过饱而死。[3]

商人的经营，也使他们极有便利来选新尝鲜。像
万历苏州的孙春阳，以经营"南货铺"而天下闻名，
铺中所卖之物，亦贡上用，其货包括南北货、海货、
腌腊、酱货、蜜饯等。[4] 这样的商人当然有条件品尝

---

① 戴鸿森：《从〈金瓶梅词话〉看明人的饮食风貌》，载《中国
　烹饪》，1982（4）（5）。
② 焦竑：《玉堂丛语》卷四《献替》。
③ 瀛若氏：《三风十愆记·记饮馔》。
④ 钱泳：《履园丛话》卷二十四。

▲（清）杨晋 豪家佚乐图

各种美味食物了，这也是一些王公显贵所不能与之相比的。

特别是在清乾隆朝，"休养生息百有余年，故海内殷富，素封之家，比户相望，实有胜于前代"。仅以北京怀柔郝氏而言，"膏腴万顷，喜施济贫乏，人呼为'郝善人'。（乾隆皇帝）尝驻跸其家，进奉上方水陆珍馐至百余品，其他王公近侍以及舆伶奴隶，皆供食馔，一日三餐，费至十余万云"[①]。

也是乾隆时期，与北京相近的天津盐商查三镖子，富堪敌国。据说乾隆耳闻其名，也自叹弗及。查最为考究的是食品，他广纳庖人，有善一技者便罗致厨中，以供"口福"。查每次宴客，侍候的庖人达二百以上，因为不知查要他们献何艺，命造何食。可以说一次下筷万钱，就是京中御膳房也没有像查这样挥霍的。

查共有专门助餐的十二女婢，分别是穿汉装，足细如菱为"三春"的春梅、春桃、春兰；着旗装，天足把头名为"三夏"的夏云、夏荷、夏菱；着男装，

---

① 昭梿：《啸亭续录》卷二《本朝富民之多》。

如佳公子，名为"三秋"的秋菊、秋月、秋蕙；着尼装，佛衣带发，名为"三冬"的冬山、冬花、冬松。

婢女中有一叫冷艳的，由于足仅寸许，不能站立，形同废人，可查却视为稀奇。在冷艳十三岁时，查为其祝寿。数十种酒，肴百余器，每一种都以一婢捧进。查与冷艳坐堂中心，执酒肴者，排阵进上，可则下筷，否则看都不看，就这样轮流进退，肴杯汤碗，过时不冷，可见其巧。入夜，燃起粗同儿臂的红烛，焚奇香，列唐花，云烟花气，氤氲如雾，见者疑为天上神仙，不觉还是人间。可查却叫这筵席为"小宴"①。

但这只不过是北方的盐商，更有过者的是江南的盐商。清雍正元年（1723）上谕中曾言："朕闻各省盐商，内实空虚而外事奢侈。衣物居宇，穷极华靡；饮食器具，备求工巧；俳优妓乐，恒舞酣歌；宴会嬉游，殆无虚日；金银珠具，视为泥沙。甚至悍仆豪奴，服食起居，同于仕宦，越礼犯分，罔知自检，

---

① 戴愚庵：《沽水旧闻·查三镖子十二婢·寿雏鬟阔查开小宴》。

▲（明）蒋莲 临韩熙载夜宴图

骄奢淫逸，相习成风。各处盐商皆然，而淮扬为尤其。"① 由于雍正所居的地位，他能够综观天下盐商，所作出的结论，还是较为全面、较为典型、较为公允的。

可以以扬州盐商的日常饮食状况为佐证：

---

① 《清朝文献通考》卷二十八《征榷考》。

　　有一盐商早晨饵燕窝，进参汤，还要吃两个鸡
蛋。厨师依照这个惯例每天呈上这三样。仅他所食的
鸡蛋，每个价值就达一两纹银，因为鸡蛋竟是食"参
术等物"的母鸡所生的。[①] 为可口，盐商家内大抵都
雇聘娴熟烹调之技的厨师，称为"家庖"。有时"家

---

① 李斗：《扬州画舫录》卷六《城北录》。

庖"做的菜吃腻了，盐商使用大船载酒到"瘦西湖"上野餐，聘"外庖"为其烹饪名菜。

为满足奢侈生活需要的饮食服务行业也在扬州应运而生。扬州的各类酒楼、面馆、茶肆不下数百家。酒楼中最著名的，如涌翠、碧芗泉、槐月楼、双松圃、胜春楼等酒楼，水石花树，争新斗丽，是别的地方所没有的。如徽包店的鲭鱼面、槐叶楼的火腿面、问鹤楼的螃蟹面，"其最甚者，鳇鱼、蟬螯、班鱼、羊肉诸大连，一碗费中人一日之用焉"①。

这些酒楼、面馆烹饪精细，价格之昂贵，非富豪之家不敢问津。仅以点心一种，就有各式各样，像双虹楼的烧饼，就有糖馅、肉馅、干菜馅、苋菜馅之分。宜兴丁四官开惠芳、集芳，以糟窨馒头得名，二梅轩以灌汤包子得名，雨莲以春饼得名，文吉园以烧麦得名，谓之"鬼蓬头"，品陆轩以淮饺得名，小方壶以菜饼得名，名极其繁。②

更主要是扬州盐商经常举行的宴会。因为吃不仅

---

① 李斗：《扬州画舫录》卷十《虹桥录》。
② 李斗：《扬州画舫录》卷一《草河录·上》。

是一种生活需要与享受，也是一种显示个人家庭门户的荣耀，或者攀结权贵、邀求声誉，或借此敛财的一种重要机会与手段。[①] 商人"多治园林，饬厨传，教歌舞以自侈"[②]。每逢婚嫁喜庆、凶丧大事、生辰冥寿，都要大摆宴席，名客贺吊，每次宴会动辄数万钱。平日里，也是"延接宾客宴集无虚日"[③]。

有一位叫周海门的盐商，经营盐业不到十年，其家可比封君。此人善纵横捭阖，贵戚权要，时相馈遗，甚至地方长官有疑难之事也要同他商量。为表示自己的豪爽，家中食客常千人，并倚山建客邸数百间，编成号。客人来后，按顺序住宿，像到家一样。[④]

这批讲求饮食服务等享乐的盐商，被后人称为"盐商派"。"盐商派"的饮食总结起来，有这样两个特色。

一是新。鲥鱼，是长江特产。新鲜鲥鱼其味鲜美，其肉细嫩，只有每年四月才能享受此一味。江宁

① 《孔尚仁诗文集》卷六。
② 《光绪江都县续志》卷十五。
③ 翁方纲：《翰林编程君晋芳墓志铭》。
④ 易宗夔：《新世说》卷四。

织造曹寅贡进皇上的也只是腌鲥鱼。两淮盐政阿克当阿在每年四月长江鲥鱼出现时,他派遣几条小艇,张网于焦山急流之中,艇中置办柴草锅釜,捕得鱼后,立即放于锅釜中,小艇急划归扬州,至平山时,鱼熟味香,正好品味,这与亲临焦山烹食没什么差别。[①]

二是阔。明代有一富翁李凤鸣,在樱桃园摆宴。因园中有八株樱桃树,李凤鸣便命人在树下各置一案,案面皆玛瑙玉器,每位客人由一美姬服侍,共摘樱桃荐酒,名叫"樱桃宴"。又有"荷花宴",每当荷花开时,设十二面几案,都嵌着水晶,在下面放置金鲫鱼,上面摆列器具皆官窑,间出歌伎,为霓裳羽衣舞,一时豪丽,罕有其比。[②]但是若将其例与清代的盐商布宴的情形相比,那真是小巫见大巫了。

有一洪姓盐商,于仲夏时节举行"消炎会"。他先是偕同事数友来到住宅,只见堂构爽垲,楼阁壮丽,委婉曲折,经过数十重门,入一小院,山石玲珑,植素兰、茉莉、夜来香、西番莲数十种,白石琢

---

① 金安清:《水窗春呓》卷下《阿财神》。
② 都穆:《都公谭纂》卷上。

盆，梓楠为架，排列成行，咸有幽致。正南小阁三楹，前槐后竹，垂荫周匝，阁中窗户尽除，悬水纹虾须帘箔，一望洞虚缥缈。

卷帘入内，悬董思白雪景山水，配赵子昂联句。下铺紫黄二竹互织"卍"字地毯。左右摆十六把棕竹椅，二瓷凳，一瓷榻，用龙须草为枕褥。一棕竹方几，花襕细密，用锡作屉，面嵌水晶，中蓄绿荇，金鱼游泳可玩。两壁全是紫檀花板，雕镂山水人物，极其工致。有空隙通两夹室，室中满贮花香。排五轮大扇，典守者运轮转轴，风从隙入，阁中习习披香，一时使人忘记了这是夏天。

待客人进入花苑，又见丘壑连环，亭台雅丽，目不暇接。于是绕山穿林，前有平池，碧玉清波，中满载芙渠，红白相间，灼灼亭亭，正含苞欲吐时。游览于此，不要说宴会了，这美丽秀色，就可以使人饱餐了。

而"消炎宴会"是在一艘船上，更显阔绰。窗是铁线纱为屉，延入，荷香清芬扑鼻。船中桌、椅都是镶有青花瓷的湘妃竹。在中间舱室，已摆下两桌筵席。筵席上的安榴、福荔、交梨、火枣、苹果、哈密瓜等,有一半不是时物。器皿都是铁底哥窑,沉静古穆。每位客人有二娈童侍候,一执壶浆,一司供馔。每位客人盛馔的器皿,除常供雪燕、冰参外,驼峰鹿臡,熊蹯象白,珍错毕陈。

席间,还有妖艳的丫环,妙舞轻歌,摄魂夺魄。喝一会儿酒,感觉热。主人便命布雨。未几,甘霖滂沛,烦暑顿消。从窗户空隙看去,则面池龙首四出,环屋而喷,宴会结束了,雨也停止了。原来这只龙乃是洋人用皮做的,掉入池中,一人坐在背上鼓水而上……①

唯一能与盐商相比,就是那些身为官僚,又做买卖拥有资产的官僚兼商贾者。他们原本就是官僚,熟悉铺排,也知道如何通过排场来张扬自己的声威,所以做起来犹如布阵遣兵,而自己则只图一快。如明代有董尚书,富冠三吴,田连苏湖诸邑,达千百顷,有百余处质舍,每年得数百万子钱,僮仆千人,大船三百余艘,以致用号声差遣。其青童都雅者五十余人,分为三班,各攻鼓吹戏剧诸技,无事则丝衣络

---

① 吴炽昌:《客窗闲话初集》卷三《淮南燕客记》。

臂，趋侍左右。一遇宴会，则声歌杂沓，金碧夺目；引商刻羽，参以调笑。董尚书对客流览其间，认为这是最大的愉快。[1]

清初康熙江南泰兴的季氏，以御史回籍。他的住宅用六十健士执铃巡逻防守，月粮以外，每天晚上每人另犒劳十瓮高邮酒，三十盘烧肉。他家拥有的三部女乐，珠冠象笏，绣袍锦靴，价值千金。待及笄以后，将她们散配给僮仆与民家子，可是其娇态未能尽除。日头很高，她们晨睡方起，即索饮人参、龙眼等汤，梳洗定毕，已近中午。制食必依精庖，才开始下筷。食后则按牙歌曲，或吹一阕洞箫，又复理晚妆，寻夜宴。[2] 不在任的官僚的女奴饮食华侈如此，其主人饮食水平之奢不难想见。

在任的官僚则更加厉害，明代山阳县令为结媚上司，"动支河工钱粮"，仿照朝廷宴制，举行"庆成大宴"就是一个典型。

---

① 范守已：《曲洧新闻》卷二。
② 钮锈：《觚賸》续编卷三《事觚·季氏之富》。

▲（清）徐扬 姑苏繁华图·官员宴饮（局部）

▲（清）徐扬 姑苏繁华图·宴饮生活（局部）

就于清江浦总河大堂上铺毡结彩，摆开桌席。上面并排五席，乃是河漕盐抚按五院，俱是吃一看十的筵席，金花金台盏，银壶银折盂，彩缎八表里。左首雁翅三席是三司，右首雁翅三席乃徐、颖、扬三道，也是吃一看十的筵席，金花金台盏，彩缎四表里。卷篷下乃四府正官，并管河厅官及佐贰，各折花红银五两，惟黄州同与府县一样。这筵席是抚院为主，是日先着淮、扬二府来看过，各官纷纷先来伺候。巳牌时，抚院先来，是日官职无论大小，俱是红袍吉服，各官于门外迎接抚院进来。只见鼓乐喧天，笙歌聒耳，果然好整齐筵宴。但见：

展开金孔雀，褥隐绣芙蓉。金盘对对插名花，玉碟层层堆异果。簋盛奇品，满摆着海错山珍；杯泛流霞，尽斟着琼浆玉液。珍馐百味出天厨，美禄千钟来异域。梨园子弟唱的北调南音，洛浦佳人调的瑶琴锦瑟。趋跄的皆锦衣绣裳，揖让的尽金章紫绶。齐酣大醄感皇恩，共乐升平排盛宴。①

---

① 无名氏：《梼杌闲评》第二回，人民文学出版社，1983年版。

"河道"的这种奢侈饮食之风，在清代已海内闻名，如道光年间"河道"的饮食花样骇人听闻：以宴席言之，一豆腐，就有二十余种。一猪肉，则有五十余种。豆腐须于数月前，购集物料，挑选工人，统计价值，非数百金不办。尝食猪脯，众客无不叹赏其精美。一客偶起如厕，忽见数十死猪，枕藉于地，问其故，则知所食猪脯一碗，即此数十猪背肉。其法是闭猪于室，每人手执竹竿，追逐扑打，猪叫号奔绕，以至于死。划取其背肉一斤，毙数十猪仅供一席之宴，盖猪被打将死，其全体精华萃于背脊，割而烹之，甘脆无比。而其余肉，腥恶失味，不堪复食，尽弃沟渠。客骤看见，不免叹息。官却熟视笑道：何处来的"穷措大"，眼光如豆，我到才数月，鞭打数千猪，处之如蝼蚁，岂惜此区区者吗？

又有鹅掌佳肴。方式是笼铁于地，炽炭于下，驱鹅践之，环奔数周而死，其精华萃于两掌，全鹅可弃。每席所需，不下数十百鹅。有驼峰者，其法选壮健骆驼，缚于柱以沸汤灌其背立死，其精华萃于一峰，全驼可弃，每一席所需不下三四驼。有猴脑者，预选俊猴披以绣衣，凿圆孔于方桌，以猴首入桌中，挂之以木，使不得出，然后以刀剃其毛复剖其皮。猴叫号声甚哀，急用热汤灌猴顶，用铁锥破猴头骨，诸客各用银勺入猴首，采脑大嚼。每客所吸不过一两勺而已。有鱼羹者，取河鲤最大且活者，倒悬于梁，用釜炽水于其下，敲碎鱼首，使其血滴入水中，鱼尚未死，为蒸汽所逼，则摆首尾，无一息停，其血越来越多从头中滴出，此鱼死，而血尽在水中。红丝一缕连绵不断。然后再易一鱼，如法滴血约十数鱼，庖人乃撩血调羹进贡，而全鱼皆无用了。此不过略举一二，其他珍怪之品，莫不称是。食品既繁，虽历三昼夜长，但一席之宴都不能结束，故河道宴客，往往酒阑人倦，各自引去，从未有终席者。[①]

他们的这种奢侈吃法，显然是清代以前贵族奢侈饮食的一个发展而又过之。早在唐代武则天时，张易之为控鹤监，弟昌宗为秘书监，昌仪为洛阳令，竞为豪侈。易之为大铁笼，置鹅鸭于其内，当中取起炭火，铜盆贮五味汁，鹅鸭绕火走，渴即饮汁，火炙

---

① 薛福成：《庸庵笔记》卷三《河上奢侈之风》。

痛即回，表里皆熟，毛落尽，肉赤烘烘乃死。昌宗拦活驴于小室内，起炭火，置五味汁如前法。昌仪取铁橛钉入地，缚狗四足于橛上，放鹰鹞活其肉食，肉尽而狗未死，号叫酸楚，不复可听。易之曾过昌仪，忆马肠，取从骑破胁取肠，良久乃死。[①] 在清代，我们又看到了这一幕的重演。

这种刁钻古怪的饮食方式在清代之所以复活，就是因为它颇具感官刺激性。一桩又一桩的饮食奇闻，在达官贵人的圈子里传播着，演绎着，编织成了中国饮食历史上一面奢侈的网，只要随手筛上一筛，便可筛出令人叹为观止的事件来。如明代弋阳的汪少宰曾赴一中官邀筵，酒竣设饭，不过半碗，可香滑有膏，异于他米。汪问这米从哪里出的？那位官员答道："蜀中以岁例进者。其米出鹧鸪尾，每尾之二粒，取出放去，来岁仍可取也。"[②]

到了清代，这件事仍有人记载。大概此事过于稀奇，记载者也对此事有着自己的看法："米产鸟

---

① 张鷟：《朝野佥载》卷二。
② 郑仲夔：《偶记》卷一。

▲（清）孙温 彩绘红楼梦·第四十回
贵族日常宴饮的场景

尾，事太不经。即有此贡，殆亦如燕衔海鱼，猿采山
荪，物以罕异见珍，胡明代因以进御，然他处不见记
载。"[1] 有人专门就此事写诗评论：

> 鸬鹚鸬鹚吾问尔，尔何不学雄鸡白送尾？
> 胡为苦唤行不得？获护尾中二粒米。
> 鸬鹚问我鸣钩车舟，清对以臆知是不。
> 白鹭缭，青凤裘，鹤氅翠翎雄雉头。
> 征取羽毛助文采，山林搜捕遭危殆。
> 可怜更有触网罗，燔炙煎烹调鼎鼐。
> 岂若米自尾中里，不劳播谷频催耕。
> 各以二粒充玉食，香净突过长腰粳。
> 但使年年来去无羁缚，予尾翛翛予亦乐。[2]

这就如同"钱宁宴客，鸡、鸭卵有如盘大者。每

---

[1] 陈康祺：《燕下乡脞录》卷十，又见《郎潜纪闻二笔》卷十《鸬鹚米》。
[2] 梁玉绳：《鸬鹚米歌》，《清诗纪事》，江苏古籍出版社，1987年版。

▲ （清）刘彦冲　听阮图（局部）

于园林携食盒听弹唱，乃明清士人时尚

自诡云：海鹏鸟卵也。竟不知以何术致之"①，应该说这类记载玄虚色彩是较浓的。宫廷研究史家认为：四川未曾听说过有此例进贡，也未听说有这样的米，恐好异之说。②

此事虽然离奇，但它反映出了明清贵族无所事事、求新猎奇的饮食心态。追逐奢侈食风已成为明清贵族的"通病"，即以清代吃蟹来说，有贩卖南中食品的浙江商人，用一陶器盎贮一蟹，运到成都，值二两白金。官吏都争着购买来宴客，一看则费数金。其实这蟹远来已失去了真味，但买者一点也不在乎。以致有人作《瘦蟹行》加以讽刺，其结句是很辛辣的："姜新酽酽一杯羹，价抵贫家三月粥。"③

贵族之间，还常利用饮食比富。康熙初年，阳北（山）的朱鸣虞富甲三吴，他的左邻豪富赵虾不甘示弱，时届端阳，艺人先赴赵家贺节，赵用银杯，自小至巨觥，罗列于前，对艺人们说："诸君将去朱家，我不强留，请取杯一饮而去。"艺人们各取小杯

① 青城子：《志异续编》卷三《祖饯》。
② 吴振械：《养吉斋丛录》卷二十六。
③ 吴庆坻：《蕉廊脞录》卷八一《蟹贫家三月粥》。

立饮。赵笑道:"杯是送给你们的。"艺人们无不后悔不饮巨觥。①

康熙初期,居住在北京的贵族则讲究饮食的奢巧。当时的王相国在举行宴会时,出一满盛豆腐的大冰盘。王向来宴会者说:家无长物,煮一款待,不要见笑。只要举筷,各种珍馐就都有了。与会者莫名其妙,但吃起来才知还有隔年预取的江南燕笋,中实珍馐。客人吃后无不称饱,真是可以补《食经》的遗失了。②

变着花样吃,是清代贵族饮食的一个特点。清代有人遇一故友,将邀至家,设宴款待。首先端上来的是"大片蛋一盘",名为"皮毯"。制作方法是:用十几个生鸡蛋,倾器内搅匀,灌入猪尿脬内,井里浸一宿,白自裹黄,像天生大蛋,再用香料和盐、泥包上。又有如膏的紫红片一大盘,说这是"紫团"。制作是在腊月,用鸡、鸭、猪三种肉,切极细,装入猪尿脬内,扎紧,外用盐和好紧,厚敷风干。还端

---

① 顾公燮:《丹午笔记》三十五《赵朱斗富》。
② 李伯元:《南亭笔记》卷三。

上一盘约寸长的黄面红心食物，说这是"黄柱"。做法是用鲜肥竹笋连箨，火内煨熟，去箨压去水，挖通内节，用金华火腿，切极细，实笋内，火上烘干。再上一盘大块火肉，说这是"土砖"。制作是在腊月里，选方块猪肉，用盐擦，风微干，用肉为馅，晒干藏储。这四种食物的特点在于别出心裁，所以食者对人讲：我平生所食，其味美没有超过这四样的。①

明代贵族则以动物食物显示其富贵。北京有一蒋揽头家请贵客八人，每席盘中进鸡首八个，总共用了六十四只鸡。一位御史非常爱吃这鸡头，蒋氏便用眼睛示意仆人，一会儿，便又端上八盘鸡头。这样一席的费用就耗费掉了一百三十余只鸡。②

徐复祚则记述了自己家族一段真事："余母家安氏，无锡人，家巨富，号安百万，最豪于食，常于宅旁另筑一庄，专豢牲以供膳，子鹅常畜数千头，日宰三四头以充馔，他物称是。或夜半索及不暇宰，则解一只应命，食毕而鹅婉转不绝。后诸舅竞用奢侈

---

① 青城子：《志异续编》卷三《祖伐》。
② 田艺蘅：《留青日札》卷二十六《悬鸡》。

败，余食肠甚狭，自太宰外无所不食。"[1]清代王应奎在其著作中，几乎一字不差记录了这段文字，意在继承明代贵族喜食动物食物的风习。

清代嘉兴一姓沈的官员，就是每日常餐，鸭脑、鱼唇、鸡酪、鹿脯，必须几种食物放在一起吃。[2]官厨也用包容各种珍奇动物食物的"一品大碗"待客，其中土笋、燕髀、鳞纤、羊爪、华披，号"五鲜"。土笋、曲蟮、蛇尾、蜈蚣、蛇腥、猩猩羹、大重土鼠，"席间无此不成大宴"，这种大杂烩似的食物一端出，主人必肃衣冠，客各避席以示敬重，举筷必以鼠首敬上座。[3]

一王姓庖厨自幼随其父在山西一王中丞公署中服务，王中丞喜食驴肉丝，厨中便专设一饲养驴者，所养的数头驴都肥硕健壮。中丞食时，若传话炒驴肉丝，就审视驴的丰满处，刲取一脔，烹好献上。鸭必食填鸭，有饲鸭者，与都中填养略同，但不能使鸭动。蓄之之法，用绍兴酒坛凿去底，放鸭入中，用

---

① 徐复祚：《花当阁丛谈》卷六《去饼缘》。
② 梁恭辰：《劝戒录类编》第四章《杀业之劝戒·杀生报》。
③ 破额山人：《夜航船》卷五《奇羞谑客》。

▲（清）清院本 清明上河图·泛舟宴饮（局部）

泥封好，使鸭头颈伸于坛口外，用脂和饭饲养着它，坛后仍留一窟，俾得遗粪。六七日即肥大可食，肉嫩如豆腐。若中丞食豆腐，则杀两鸭煎汤，用汤煮豆腐献上。①

奢侈的食风，往往是由身居高位的官僚大开其端。张居正奉旨归葬，所过州郡，牙盘上食，水陆过百品，可他仍认为无下筷处。而真定太守赵普是无锡人，独能为吴馔，张居正吃起来很满意，说：我到此仅得一饱。此话一出，于是吴中善于做菜的人，招募殆尽，皆得善价而归。②清代一豪吏，在公署中设厨房就达七间，还专设六名水夫，专去龙泉山挑烹菜用水，每天仅米一项便费二石。③

---

① 姚元之:《竹叶亭杂记》卷五。
② 焦竑:《玉堂丛语》卷八《汰侈》。
③ 赵翼:《檐曝杂记》卷四《仕途丰啬顿异》。

官僚们的挥霍耗用，大多仰仗着国家的经费。如在驿站迎接官员吃饭的情景：

　　[生]厨夫，勅使公公到来，宫女从人约有百十个，都要晚饭。要安排上等嗄饭三十桌，中等嗄饭一百桌。不知完备未曾？[净]告老爷，完备多时了。[生]怎见得？[净]但见厨列八珍，筵开百味，软炊红莲香稻，细脍通印子鱼。湖南海味冰将来，新鲜浑似当时。闽地荔枝马上递，风味全然不减。碾破凤团，白玉瓯中翻碧浪。暖来桑落，水晶壶里喷清香。伊鲂洛鲤，果然贵似牛羊。玉脍金齑，信是东南佳味。真个香羹烹七宝，谁言下筷了万钱。手中金错刀，何止杀山羊一万头。灶下石槽碾，那数贮胡椒八百斛。日日筵前香喷鼻，人人过去口流涎。端的好嗄饭。①

　　虽然这是文学作品中描写的，但可以反映出明代"公费吃喝"的真实状况。至清代，这种现象则愈演

---

① 陆采：《明珠记》第二十四出《邮迎》。

愈烈。如西安是西藏、新疆以及甘肃、四川所必经之路，过客大都是粮道承办，于是，便利用官府钱财大肆款待。

每次宴会，皆戏两班，上席五桌，中席十四桌。上席必燕窝烧烤，中席亦鱼翅海参。西安活鱼难得，每大鱼一尾，值制钱四五千文，上席五桌断不能少。其他白鳝、鹿尾，都是贵重难得食物，也要设法购求，否则就说道中悭吝。①

这种奢侈的食风，像细菌一样渗透扩散，在明清两代中后期达到了无以复加的境地，充分显示出了明清贵族对饮馔求精已成为一种须臾不可离开的时尚。

---

① 张集馨:《道咸宦海见闻录·乙巳四十六岁·道光二十五年》。

　　明清皇权的高度成熟，使明清的文官制度也高度成熟，从中央到地方形成了一个庞大的官僚集团。他们和世袭的、以孔府为代表的大地主结为一体，成为明清贵族的中坚。

　　官僚集团和世袭地主成员们，他们出生之后便享有宗室的爵职，他们一人之下万人之上的显赫权势，他们拥地数郡、金银满库的财产，他们熟读经史、赏玩古董的学养，决定了他们的饮食要与之匹配，而且必然在这方面要领新标异，烹天煮海，席列千珍，鼓乐伴和……

　　最能将这些特征鲜明地体现出来的则非孔府肴馔莫属，它的严谨礼仪、华贵尊荣、精湛烹调、丰富用料、豪奢款式、齐全品类、宾朋广集、隆盛乐舞……足可以称得起中国贵族饮食的最高成就。

曲阜孔子后裔的地位和"衍圣公府"的规模，是明太祖朱元璋重新肯定下来的。洪武六年（1373）八月二十九日，朱元璋在文武百官早朝时，对"衍圣公"孔希学作出这样的旨意："为尔祖明纲常，兴礼乐，正彝伦，所以为帝者师，为常人教，传至万世，其道不可废也。"[①] 到清代对孔子的祭祀，从原来相当于诸侯规格的六佾上升为天子独享的仪式八佾，达到了历代尊孔的顶峰。

作为斯文的宗主、文官的领袖的孔府，要保持着"天下第一家"的声威，除了在仪仗、服饰方面，饮食则是最为主要的了。翻阅"衍圣公府"资料，就会发现在购买物品时，置办金银器皿、绫罗绸缎和购买珠玉珍宝、古玩字画的账目少有，数量最多的则是

<hr />

① 中国社科院近代史所、山东省曲阜文物管理委员会编《孔府档案选编》上册，第17页，中华书局，1982年版。

▲明版彩绘孔子圣迹图 汉高祀鲁

歲時奉祠孔子

家後世固廟歲孔

八書至漢

二百餘年不絕漢

高皇帝過魯以太

祠焉

贊曰

穆穆廟廷

巍德斯尊

肅肅冠冕

聖澤斯存

漢祖崇儒

闕里祠里

太牢之祠

百代伊始

"衍圣公府"生活方面的油、肉、杂货等开支。

清道光年间大厨房供应上房食品的《支额账簿》记了某年三月中每日的开支：一般以五十千到一百八十千文不等。从账目来看，他们每天要吃三四十只鸡，二三百个鸡蛋，上十个品种的蔬菜二三百斤，还不算干鲜果品、海味一类的供应。

据一本账记："衍圣公府"每天或隔一两天，就派人到济宁州常川采购海味、干果及菜、酒之类。每次开支都在一百千文左右或更多。道光元年（1821）十一月十七日，便采买了海参十斤，鱼翅十斤，干鲜果品四十九斤，各种茶叶三十斤，绍兴酒六十四坛，共用钱一百四十三万四千三百六十文。道光元年和二年（1822）购买杂货账册显示：元年共买绍兴酒九百坛，二年为一千一百零三坛（还有惠泉酒未计），还有大量当地酿造的黄酒、煮酒。如清嘉庆二十年（1815）的《黄酒账》记当年购买这种酒共三千三百二十二斤。①

作为横跨数郡的大地主来说，"衍圣公"征收最

---

① 齐武：《孔氏地主庄园》十《收入和生活》。

多的仍是食物。明万历十八年（1590）三月二十日，一次就要求"拣择头茬肥嫩真正香椿芽共三百斤"①。同年六月十六日，要求毕宽等三十二庙户，"支领官麦"，"每斗净重十五斤，俱要淘洗洁净，磨极细白面"。同年八月十四日，给菜户下"每日轮流办送时鲜菜蔬"，为年例事交纳"年猪""年鸡"。②

"衍圣公府"佃户最多的也是集中在供应饮食方面。在贡纳户队伍中，有猪户、羊户、牛户、菜户、萝卜房、菱角户、香米户、鸭蛋户、祭酒户、杏行、梨行、核桃行、屠户等。道光二年，"衍圣公府"仅从屠户那里取肉就达一万一千五百多斤。这些贡纳户的存在和职责，主要是为"衍圣公府"的饮食服务。

据说有一次乾隆来曲阜，用膳时，他因为不饿吃得很少，在一旁侍膳的"衍圣公"很着急，传话叫厨房想办法，厨师认为乾隆对珍贵名菜都不感兴趣，又有什么好办法？他顺手抓了把豆芽，放几粒花椒炒炒送了上去，乾隆没见过花椒，问"衍圣公"这是什

---

① 《衍圣公府档案》[60]。
② 《衍圣公府档案》[60]。

么？"衍圣公"回答是花椒，是提味的，乾隆夹起豆芽菜尝了尝称赞说：味道果然不错。这一句话使孔府如获恩典，从此炒豆芽成了孔府的传统菜。在孔府众多的"户人"中还专设了"择豆芽户"，世世代代专为孔府择豆芽。

"衍圣公府"与显贵交往也是以饮食为契机。据清顺治八年（1651）支出的款项账册显示，该年五六月，"衍圣公府"派遣十六名轿夫，三次上兖州府送冰。在炎炎酷暑中不辞艰辛而长途行走送冰于官府，这已经超出了急人所需的意义，莫不如说借此来炫耀"衍圣公府"不同寻常的饮食享受习尚。[①]

"衍圣公府"日常向达官贵人送的礼物也多是饮食。如清道光八年（1828）向地方官送礼，有抚台、学台、藩台、臬台等，其礼品均是点心、鱼翅、南荠、海参、绍兴酒、火腿等。[②]"衍圣公府"之所以将买来的食物当作礼品送给显贵，无非因为"衍圣公

---

① 何龄修、刘重日：《封建贵族大地主的典型——孔府研究》第六章。
② 《衍圣公府档案》[6062]；《道光十七年正月司房支铺银账》。

府"的饮食制作有了很高的知名度，人们莫不以得到孔府的食物为荣。

所以，我们可以较为透彻地理解"衍圣公府"在交通极不便利的条件下，为什么要千里迢迢费周折向慈禧献上二席馔肴了。而对朝廷派来的"御祭崇圣祠"的钦差大臣①，"衍圣公"与之见面便以筵席馈赠，可以想见"衍圣公府"馔肴是如何骄人了。现仅窥"上席"，便知端详：

茶

四干果碟	白瓜子	黑瓜子	长生果	松子
四鲜果盘	苹果	雪梨	蜜橘	西瓜
十二冷盘	凤翅	鸭肫	鹅掌	蹄筋
	熏鱼	香肠	白肚	蛰皮
	皮蛋	拌参丝	火腿	酱肉
十六热炒	熘腰花	炒鸭腰	软炒鸡	
	熘鱼片	鸭舌菜心	熘虾饼	

---

① 《清史稿》卷三○四、卷二六五。

	熘肚片	爆鸡丁	火腿青菜
	芽韭肉丝	香菇肉片	炒羊肝
	肉丝蒿菜	肉丝扁豆	鸡脯玉兰片
	海米炒春芽		
四点	焦切	蜜食	小肉包
	澄沙枣泥卷	珍珠鱼元汤随上	
清茶			
六海碗	清汤燕菜	清蒸鸡	红扒鱼翅
	红烧鱼	红烧鲍鱼	鹿筋海参
六中碗	扒鱼皮	锅烧虾	红烧鱼肚
	扒裙边	拔金丝枣	八宝甜饭
二片盘	挂炉猪	挂炉鸭	露酒一坛
主食	馒首	香稻米饭	粥
	海参清汤随上		
小菜	府制什锦酱菜		

　　孔府的席面如此铺张，绝非偶然。应该说，它是明清贵族筵席的一个缩影。倘将其放在明清整体的筵

席发展流变中去观察，就会对它为什么有非常大的诱惑力和非常高的水平更为清楚了。

在明代，一般宴会，动辄必用十肴，且水陆毕陈，或觅远方珍品，求以相胜。有一士大夫请客，用百余样肴品，鸽子、斑鸠，应有尽有。一次竟杀鹅三十余头。①

明代的松江县，为迎接上级官员，就多方找寻水陆奇珍百余种，像松杏、莲心、瓜仁等细果装缀成鱼鳞状，有一尺多高，器皿壶杯都用古窑金玉。假如高级官员——御史来临，则名目更为繁多，有"下马饭""阅操酒"等，每席用嘎饭四十味，糖食四十味，果品四十味，攒盒、暖盏则无法计算，一遇暑天，不时更易，动费百金，而这只是供一顿饭用的。②

至于一般的富裕之家，也追求筵席这一形式，平常待客，也是"只见两个丫环轮番走动，摆了两副杯筷，两碗腊鸡，两碗腊肉，两碗鲜鱼，连果碟素菜，共一十六个碗"③。

---

① 何良俊：《四友斋丛说》卷三十四《正俗一》。
② 范濂：《云间据目抄》卷四《记赋役》。
③ 冯梦龙：《古今小说》卷一《蒋兴哥重会珍珠衫》。

▲（清）孙温 彩绘红楼梦·第五十三回
贾府元宵开夜宴

这种筵席形式，随着时间的推移，发展变化日甚一日。生于明清易代之际的姚廷遴，曾专对筵席的形式作过综览：明代末年请客，两人合一桌，碗碟也不大，虽至二十品，可是肴馔有限，即使有碗上丰盛的，两人所用也有限；到了清顺治七八年间，忽有冰盘宋碗，每碗可容二斤鱼肉，丰盛华美，故四人合一桌；康熙时，又翻出宫碗洋盘，仍旧四人合一桌，比较冰盘宋碗节省；可是二十年后，又出现了五簋碗，其式比前宋碗略大，又加深广，容纳肴馔特别多，可以说"丰极"。[①]

这也就是史家所记的：清初的款客，已是撤一席又进一席，贵在重叠。有的王公一次宴部下，摆下二百筵席，猪、鸡、鹅各一器，撤去后，再进其他肉食。吃完，再开始行酒。[②]

有人谈起他小时候（乾隆年间），见到凡是宴客的，简单是五簋，丰满是十品，假如仓促客人不过小九盘。后来日盛，用碗必如盆，居山必用鱼鳖，居

---

① 姚廷遴：《历年记·记事拾遗》稿本。
② 谈迁：《北游录·纪闻》二十四《国俗》。

泽必用鹿，所费超出往昔好几倍。嘉庆以来，杭州富人，一席费几至六七丈，又要求精致相高，虽罗列数十品，绝无一常味。有一不知姓名者，尝出五十千钱置办一筵席，又用十千钱买两条刚出来的鲥鱼尝新鲜。①

也有人就嘉庆年间谈起，认为那时民间宴客所用四冰盘、两碗，已经称得上丰盛了。只有婚礼才有十碗的"蛏乾席"。道光四五年间，改用"海参席"。八九年间加四小碗、十二盘果菜，如过去所谓饾饤者，虽宴常客也用。后更改用"鱼翅席"，小碗八个，盘子十六个。近年更有用"燕窝席"，三汤四割，比官馔还要精典。尤其春天设"彩舫"宴客，筵席更丰盛，一日就要花费二十万钱。②

一般的筵席大菜也是八大碗：一盘新出水的白鱼，一盘烧的肥鹅，一盘炖的香蕈和水晶猪蹄，一盘金华火腿，熏的腊肉红白透亮，一盘豆豉炒的面筋拌着银丝饼鲜，又是一盘红糟蒸的带鳞鲥鱼，又是一盘

---

① 沈赤然：《寒夜丛谈》卷三。
② 周寿昌：《思益堂日札》卷三《长沙风俗》。

镇江烧鳖，剥得琥珀似围裙，软美如脂，入口而化，又是一盘苏州油酥泡螺。两大盘糖酥水晶角儿，每人面前一碗杂汤，无非新笋蛤蜊海粉蛋膏肉丸，又有桃仁瓜子，打扮得红白清美，其实可爱。①

"衍圣公府"的筵席，正是在这种竞相盛设筵席的大背景下出现的——由于明清朝廷给予"衍圣公府"的"期于优渥，以成盛典"的特殊政策②，所以，"衍圣公府"的日常生活概括起来无非是三大项——一是祭祀，二是酬酢，三是优乐。这三项又无不以饮食为主要，贯穿其间。清嘉庆年间七十三代"衍圣公"孔庆镕的"忆得郊原田叟乐，香生饼饵酒频携"的诗句就是一个鲜明的例证。③

在"衍圣公府"三大项日常生活中首要一项是祭祀。每年这样的活动有大大小小五十余次，平均一周就有一次祭祀。最为主要的是四大丁（也叫四大祭，是每年春、夏、秋、冬的丁日），还有四仲丁（大丁

---

① 丁耀亢：《续金瓶梅》卷五《妙悟品》第二十九回。
② 《清顺治准方大猷奏请崇祀孔圣优渥圣裔》，《孔府散档》照片第4袋。
③ 《铁山园诗集》卷二。

后的第十天）、八小祭（清明、端午、中秋、除夕、六月初一、十月初一、生日、忌日），每月初一、十五有祭拜，一年二十四节气还有二十四祭，等等。

完全可以这样说，"衍圣公府"是因为它特有的祭祀才存在，才繁衍下去的。自明初起，皇帝就"尝遣使致祭"[①]。清嘉庆二十四年（1819）十月，嘉庆两次与"衍圣公"孔庆镕谈话，都十分详细询问祭祀情况，叮嘱孔庆镕"祭祀都要虔诚"。[②] 所以，"衍圣公府"的祭祀自然要隆重，而祭祀筵席则更要出色。

因为自明代始，祭祀筵席在民间就十分盛行。像明代吴中家各为庙，有疾则指以为祟，有事则祈以为祐。往往杀羊宰豕祭祀，击鼓设乐，歌讴赞叹竟日通宵，叫作"茶筵"[③]。这不过是一般平民家庭的祭祀，作为"衍圣公府"的祭祀宴，主要是指祭者参与祭祀而进行的宴会，就不比寻常了。它已成为"衍圣公府"制度的组成部分，并成为规范，其中著名的就可列举出十五式之多，它们是：

---

① 《衍圣公府档案》[0006]。
② 《衍圣公府档案》[6312]。
③ 俞弁：《山樵暇语》卷八。

一、燕菜全席供　　　　　二、翅子鱼骨供

三、鱼翅四大件供　　　　四、鱼翅三大件供

五、鱼翅二大件供　　　　六、海参二大件供

七、十碗供（荤）　　　　八、十碗供（素）

九、九味供　　　　　　　十、六味供

十一、五碗供（荤）　　　十二、五碗供（素）

十三、五荤五素供　　　　十四、大祭一坛

十五、四四鱼翅一品锅

　　与祭礼最密不可分的迎宾遂接踵而来。因为孔府的祭祀从来就不是单一的孔府祭祀，而是牵动天下的祭祀。翻开《阙里志》和孔府档案就会发现，明清两代，上至皇帝，下至大臣，都曾风尘仆仆，衔尾相接地在通往曲阜孔府的大道上行进过。他们是如日中天的康熙、乾隆，权倾朝野的首辅、太子太保、阁臣，文质彬彬的翰林院学士，雄踞一方的封疆大吏，太常寺少卿、户部左侍郎、国子监祭酒，个个顶礼膜拜；工部尚书、礼部尚书、兵部尚书、刑部尚书，人

人低气敛声……①

真是华盖如雨，仪仗如云。各色冠服在这里争新比艳，多种伞扇在这里交相生辉。一辆辆舆车昂首驰来，一顶顶大轿结队而去；一行行卤簿捧宝端玉，一排排侍卫开道逶巡……孔府像一座盛妆彩饰的戏楼，迎来了中国历史上从来也没有过的众多的朝政精华的露脸亮相，并根据这些人的品位，制作出了与之相匹配的"祭祀宴"和"迎宾宴"。

其中，"燕菜全供"或"燕窝全席"，以燕窝命名的筵席最富代表性，简言之，它是明清贵族阶层饮食嗜好在孔府馔肴上的一个投影。在明代以前，燕窝是不常见诸记载的。自明代起，燕窝屡屡奔涌于史家的笔端，史家用细腻的笔调，渲染燕窝产生的环境，从而使燕窝罩上了一层神秘的面纱：

闽之远海近番处，有燕名金丝者。首尾似燕而甚小，毛如金丝，临卵育子时，群飞近汐沙泥有石处啄

① 《衍圣公府档案》[0005167][005168][005383][0005175][0005176]；《清史稿·礼志》卷八十四。

蚕螺食，有询海商闻之土番云，蚕螺背上肉有两肋，如枫蚕，丝坚洁而白，食之可补虚损，已劳痢，故此燕食之，肉化而肋不化，并津液呕出，结为小窝附石上，久之与小雏鼓翼而飞，海人依时拾之，故曰燕窝也。[1]

在浙江沿海，燕窝竟成了不唯足国，还养活滨海人家与客商的一个"大利之数"的项目。[2] 因而在明代贵族之家，无论列上几十样大菜，还是几十样小菜，仍多以燕窝为绝好的下饭菜肴。[3] 至清代，士大夫以为宴客无海味，不足为观美，席中首品，必用大菜，所谓大菜，就是燕窝。以致有的官员燕菜"早已吃腻了"，可每到一处仍"照例的燕菜席"[4]。特别是清代北京的"好厨子包办酒席，唯格外取好燕窝一两，重用鸡汤、火腿汤、蘑菇汤三种瀹之，不必再搀

---

[1] 陈懋仁:《泉南杂志》卷上。

[2] 陆人龙:《型世言》第二十五回，中华书局，1993 年版。

[3] 兰陵笑笑生:《金瓶梅词话》第五十五回，人民文学出版社，1985 年版。

[4] 李宝嘉:《官场现形记》第六回，人民文学出版社，1957 年版。

它作料,自然名贵无已,即再加数钱以见丰盛"[1]。

所以,"衍圣公府"用"燕菜全席"来招待皇帝及王公贵族。《衍圣公府档案》中的这筵席的单子是:

茶

四干果碟	杏仁	白瓜子	松子	花生
四果品碟	栗子	菱	杏	金橘
四蜜饯碟	糖藕	梨脯	山楂条	橄榄
四水果碟	蜜桃	蜜橘	苹果	西瓜
十六冷盘	鸡翅	鸭脴	白肚	蹄筋
	猪唇	熏鱼	海蜇	燀虾
	糟鹅掌	香肠	炝芹菜	拌海参
	炝金针	松花	捆脯	肴肉
四点	千层酥	苹果酥	松子糕	芙蓉果
	杏仁茶(每人份随上)			
十六热炒	芽韭炒肉	蟹黄白菜		
	炒玉兰片	炒鱼片		
	炒软鸡	烩鸭腰		

---

① 梁章钜:《浪迹三谈》卷五《燕窝》。

	汤泡肚	炒茭白	
	炒青菜	肉丝海带	
	火腿芥菜脑	海米春芽	
	爆肚	炸鹌鹑	熘腰花
	烧肝		
四点	菊花酥	百合酥	枣煎饼
	蜜三刀		
	冰糖莲子羹（每人份随上）		
十二中碗	粉蒸鸡	红白鸭块	生炸排骨
	瓦块鱼	红烧大肠	炸鸡卷
	锅烧羊肉	元宝肉	烧面筋
	香菇肉片	蜜汁冬瓜	挂浆苹果
四点	海鲜肉包	时鲜蒸饺	
	生煎肉包	羊肉小饼	
	酸菜肉丝汤		
清茶			
四盐一锅	一品官燕	把儿鱼翅	
	鱼唇扒鱼皮		虾子海参
	鸭舌干贝		
二点	鸡丝炒面	鸡丝卤面	

　　　　　　　榨菜肉丝汤

十二大碗　　　油淋鸡　　　神仙鸭子　　　清蒸元鱼

　　　　　　　清蒸桂鱼　扒猴头　　　　红烧鲍鱼

　　　　　　　八宝鱼丸　什锦豆腐　　　炒三冬

　　　　　　　海米珍珠笋　冰糖肘子　八宝甜饭

主食　　　　　香稻干稀饭　馒头

什锦小菜　　　济宁玉堂小菜

酒　　　　　　露酒　　　　金华酒

　　这种筵席的主宾席上不围桌而坐，要有一个空缺，齐桌围并排摆上四个"高摆"，"高摆"是燕菜全席上特有的装饰品，江米面做的一尺来高、碗口粗的圆柱形，摆在四个大银盘中。圆柱形的表面和银盘里都密密麻麻地镶满各种细干果（莲子仁、瓜子仁、核桃仁等），而且要选择不同颜色、不同形状的干果镶出绚丽多彩精巧细致的花纹图案。因此用干果镶"高摆"极费工夫，要像绣花一样，四个"高摆"需要十二名老厨师用两个整天才能制成。在圆柱形的正面还要镶出一个字，四个"高摆"上的四个字联起来是这筵席的祝词，比如：过生日就是"寿比南山"，结婚就是"福寿鸳鸯"之类。①

"衍圣公府"中最普通的，是每天都要举行的私家筵席，它包括有喜庆筵、寿辰筵、丧葬筵等。清嘉庆年间，"衍圣公府"曾办过丧葬，但当时的具体场面材料已无法寻找到，仅有厨房、酒房、馍馍房的开销一项——一千四百五十五钱四百八十四文，合七百二十七两银子。这在当时是一笔相当大的开销了，可是这次丧葬究竟摆了多少类型的筵席，我们只能从后来的"衍圣公府"的喜筵去找间接旁证的材料——那就是清道光十五年（1835）第七十四代"衍圣公"孔繁灏的婚礼筵席。

现仅就十一月十五日至十二月初三日所用的结婚筵席作一统计。在这半月内，共用：

八味菜、六味菜，六百七十六桌；下用菜，六千零九十四桌；外零菜，一千五百四十桌；上用菜，十六件；四味，火锅四个；虾古一盘；四凉四热海参十大碗，六十三桌；四凉参十大碗，五十四桌；海参三大件，三十九桌；海参两大件，九桌；四盘六碗，

---

① 孔德懋：《孔府内宅轶事》三《内宅生活》。

十七桌；四四点心带面食稀饭，十六桌；十一盘点心，二十二桌；四盘参十大碗，十桌。

其中八味菜，每桌一千六百文；六味菜，每桌一千二百文；四盘六碗，每桌一千八百文，十大碗，每桌四千文……[1]

耗费这样多的钱财而置办起来的筵席，其质量和规模是相当可观的。

当然，其中最能体现"衍圣公府"这种日常饮食风格的还是属于"翅子鱼骨席""参翅鱼骨席""翅子鱼骨碟席"等大型席面。如"翅子鱼骨席"堪称寿诞席面中的佳构：

宝妆一座	上嵌"多福多寿"四字		
八凉盘	卤鸡	鸭胗干	酱排
	炝香菇	熏鱼	花川
	松花	长生仁	
四大件	黄焖鱼骨	鸡丝翅子	清蒸鸡

---

[1] 笔者根据孔繁银所著，《衍圣公府见闻》第五章《婚丧寿庆·孔繁灏婚礼史料》统计而成。

红烧鱼

八行件	鸡鸭腰	烧干贝	爩虾
	炸肘子	烩乌鱼穗	汤泡肚
	桂花银耳	蜜汁银杏	
点心	寿字油糕	百寿桃	
	山楂酪（每人份随上）		
一压桌	寿字什锦一品锅		
四饭菜	芽韭炒肉	炒茭白	烹蛋角
	烧蒲菜		
四小菜	府制酱菜四碟		
主食	银丝长寿面（每人份同上）		

在清咸丰二年（1852）的这次为"衍圣公"夫人所做的四十寿辰活动中，之所以三番五次享用"翅子鱼骨席"，并以此送给贵宦，主要就是从明代开始，鱼翅与燕窝价值等同。鱼翅具有补五脏，解蛊毒，益气开膈，长腰力，清痰，开胃进食的功效。

▶（清）孔府 江夫人像

若将鱼翅煮好拆去硬骨，拣取软刺色像金者，瀹以鸡汤，佐馔，味道最美。所以凡是宴会菜肴，必须设上鱼翅为最稀珍享受。[1] 尤其是台湾的鲨鱼，多达十余种，大至千余斤，肉粗翅美，远销外省。[2] 当地人无不认为馔中最昂贵的是鱼翅。[3] 而鱼骨在清代已有了"美于燕窝"的赞誉。[4] 有的地方竟建起鱼骨庙，以示尊荣。[5]

但举行"鱼翅骨子席"的庆寿记录已无从窥见了。倒是清代小说中为一太太祝寿的场面，可以为我们提供一个侧面的观照：

少时八个鼓吹过去，跟了八个细乐。街坊戏班扮了八洞神仙。盛宅戏班扮了六个仙女，手中执着玉如意、木灵芝、松枝麈、蟠桃盘、琪花篮、琼浆卤。后边便是十二屏扇。二十四人各竖起来擎着，映着日

---

① 赵学敏：《本草纲目拾遗》卷十《鳞部·沙鱼翅》。
② 连横：《台湾通史》卷二十八《虞衡志·鱼之尾》。
③ 连横：《台湾通史》卷二十三《风俗志·饮食》。
④ 西清：《黑龙江外记》卷八。
⑤ 无名氏：《蜨階外史》卷四《鱼骨庙》。

色，赪光闪烁，金字辉煌。后边二十四张桌子，红毡茜毡铺着。

第一对桌子，一张乃是一个大狻猊炉，蒸的是都梁、零陵细香，兽口突突袅烟，过去了异香扑鼻；一张是进宝回回头顶大盘子，上边插一对钵碗粗的寿烛，销金仙人。

第二对桌子，一张是果品碟十六器；一张是象筷调匙，中间银爵一双。

第三对桌子，一张是五凤冠，珍珠排子，七事荷包，一围玉带；一张是霞帔全袭，绣裙金幅。

第四对桌子，两张俱是沙罗绸缎绫绢，长卷方折，五色夺目。原是绍闻上济宁未销售的东西，今日借出来做表里色样。

第五对桌子，一张是海错十二包封；一张是南品十二包封。

第六对桌子，一张是外省品味——金华火腿，大理工鱼，天津毛螃，德安野鸡；一张是豫中土产——黄河鲤鱼，鲁山鹿脯，光州腌鸭，固始板鹅。

第七对桌子，是城外园圃中恒物，两桌各两大盘，因祝寿取义，各按本物贴上冰桃、雪藕、交梨、

火枣，金字大红签，原是趁苏霖臣写屏时写的。

第八对桌子，一张是糖仙八尊，中间一位南极，后边有宝塔五座；一张是油酥、脂酥、提糖、包糖面果十二色。

第九对桌子，是寿面十缕，上面各贴篆字寿花一团。

第十对桌子，是寿桃蒸食八百颗，桃嘴上俱点红心。以上俱是老太太的。[①]

一个算不上非常富裕的贵族之家的庆寿宴就如此铺张，"衍圣公府"的庆寿宴的情形可以于此而想，只能是过之而无不及了，而且"衍圣公府"筵席也有其不可替代性，它的筵席中的许多菜肴是唯"衍圣公府"所独有的，当然也是"天下第一"的了。如选用"诗礼堂"前银杏树所结的银杏为原料的"诗礼

◀（清）无款 祝寿诞图

---

① 李绿园：《歧路灯》第七十八回，郑州书画社，1980年版。

银杏"。银杏有润肺益气、定喘缩水、涩精止浊的功效。加上这两棵雌雄而生的银杏树，有上千年历史，所以"诗礼银杏"成为孔府筵席上的甜菜大件。制作时先将银杏砸去外皮，用碱水煮一下削去二层皮，再放锅内煮，开起后洗净，放到盆里焖到涨大发软，再用沸水汆过，去掉苦味，然后用炒勺加白糖炒成银红色时加少许水，再放入白糖、蜂蜜、桂花、白果，开起后，改用缓火爆至汁浓，淋上猪白油，倒在汤盘中可食。此菜系蜜汁烹调法，味道甜美，色红透亮，又具药用营养价值，故为明清孔府筵席固定菜肴。①

作为"衍圣公府"传统菜肴中一品的"神仙鸭子"，经常出现于"鱼翅三大件席""翅子鱼骨席""参翅鱼骨席""参翅席"上，并为"寿庆鱼翅四大件席"唯一的压桌大菜。据传，孔子第七十四代孙孔繁坡任山西同州知府时，随从家厨做了一道"生蒸全鸭"呈上，此菜肉烂、脱骨、汤鲜、味美，肥而不腻。主人在大饱口福之际，一时兴起，询问做法，侍

---

① 中国孔府菜研究会：《中国孔府名菜精华》，在"鱼翅四大件席"中，"诗礼银杏"又唤"蜜汁银杏"。

者答道：上笼清蒸，插香计时，香尽鸭熟。孔繁坡遂称"神仙鸭子"。其实，在清代食谱中所记的"生蒸鸭"或"干蒸鸭"即是此种菜肴[1]，并不始于孔繁坡的赐名。但由此可以得知，"衍圣公府"的筵席菜肴是充分吸取明清菜肴精华的。

还有"清汤蛤士蟆"。蛤士蟆盛产于东北各省，明代即入馔。因为哈士蟆主治虚劳，疳瘦能调，虚损能补，味鲜咸香醇。[2]据传，乾隆女儿将此菜带入孔府的筵席。

又如"衍圣公府"所重的"燕菜四大件席"，则是仿照御膳而制的。它是用燕窝、鸡、鸭为原料，作为四个造型大菜，菜上分别拼摆成"万""寿""无""疆"四个字意的祝词。此菜可根据宴席内容而改变词意，用于喜宴可摆成"百年好合"，用于家宴可摆成"吉祥如意""合家平安"等。

此菜用料讲究、工艺精细。它借助于原料的色彩、形态以及鲜嫩的特点，恰当拼配，造型美观，成

---

① 袁枚：《随园食单·羽族单》。
② 陈嘉谟：《本草蒙筌》卷十一。

为"衍圣公府"招待高级贵宾而举行的筵席上的大菜。而其实质则是清代"御膳"在孔府筵席上的一个演变，从而决定了"衍圣公府"与众不同的"天下第一家"的雍容华贵的气派。

汉族饮食习俗

明清时期汉族的饮食习俗，主要体现在日常惯制、岁时节日、宗教信仰和社交、婚、嫁、生、丧等礼仪活动中。

汉族食俗因地理状况、人文景观有别而异彩纷呈。经济发达的江南一带饮食习俗水平独领风骚，农村饮食习俗水平则相对低于城市，可也有独特、优秀之处。同一区域亦有不同食风：苏州人在浙江宁波看见酒馆治馔，碗底竖一段甘蔗，满置片鹅鸭肉，并上甑蒸。这是有别于吴食的。（郑光祖：《一斑录·杂述·宁波府》）

但汉族的食俗规制已大体相同。若正月里"咬春"，夏天吃"过水面"，宴会敬老人，丧葬上祭食，等等。只是食俗所表现出来的是更为繁复、更为精细的倾向。像山东即墨杨氏除夕祭三世以上祖先、四至八世祖时所用的猪牛羊鸡、馒头蒸卷、粉汤荤素、油菜山果……品种多，数量大，分集中、专供两种形式，而且要上二遍茶、三巡酒。(《即墨杨氏家乘·祭法》)

此类饮食习俗，是汉族对自身饮食本能的一种理性观念的概括和升华，是明清汉族在饮食上的智慧与创造，成为汉族文明历程形象生动的展示。

明清时期是中国汉族最后定型期。汉族的习俗因贫富不同，地区有异而有相当大的差别，可是在基本习惯方面却是一致的、共同的，饮食惯制就是一集中体现。

明代的日常食制为三餐[①]，清代也是这样。一般说来，早晨为非正式的馔食，名为"吃点心"，午餐大半在十二点钟，晚餐在六点钟。[②] 东北的农村，冬闲天短，则日食两顿饭。[③] 而福建农村贫寒人家日常也是吃两顿饭[④]。江南食俗奢侈，有的地区日食饭五次。其实这是传之过甚，从苏州、常州两地看，也为每日三餐——早餐为粥，午餐吃米饭，晚餐用水入饭

---

① 兰陵笑笑生：《金瓶梅词话》第二二回、五三回、六七回、三一回、五二回、四十回，人民文学出版社，1985年版。
② 萧一山：《清代通史》卷中第二篇。
③ 《奉天通志》，二六〇卷本。
④ 陈盛韶：《问俗录》卷二《古田县》。

▲（明）马轼 归去来兮图·稚子候门
田园聚餐好风光

烫食，俗名"泡饭"[①]。

尽管基本都是三餐制，但因居住和生活条件的差异，明清汉族的饮食水平又有所不同。从总的方面来看，城市要高于农村，富庶的江南地区要高于穷苦的西北地区；官吏胜过平民，盐商超出地主……具体又因国库丰虚，灾害多寡，气候优劣，地域民风……而呈高下厚薄之分。

先以明末清初南方湖州农民的日常食俗观察——夏天长，午后必饥；冬月寒，空腹难早出。所以夏日必加点心，冬天必吃早粥。冬月两天，蕰泥必早，这就需要饮热酒吃得饱。

主食：夏秋，每人早晨二盒粥，中午七盒饭，二盒半点心饭，夜饭二盒半。春冬，早粥二盒，中饭七盒、三盒点心粥，夜粥二盒半。一年总计，每个壮劳力一天平均吃米一升五盒，妇女减半。

副食：夏秋，一日荤，两日素。春冬，一日荤，三日素，但干重难活连日吃荤。所谓荤是鲞肉、猪肠、鱼，素则为豆腐。以瓜菜补其不足。干重难活每

---

① 佚名：《慧因室杂缀·一日五饭》。

人饮一勺酒。

据此估得一农民的长年食物消费相当于十一石米，妇女、儿童的口粮大致减半。全家合伙则年费用不会超过十五六石的标准。据此推论，前述的食物消费指数同样适用于绝大多数的农村农民。其中主食占二分之一以上，副食仅占三分之一左右。消费结构中副食品消费总量是偏低的，这就间接反映出了江南农村农民的消费水平多数处于节俭状态。①

在城市中老百姓的日常饮食则要比农村农民略胜一筹：

> 甜面粥，一大碗，油炸鬼，一大串，吃炸糕，要大馅，热馒头，银丝面，吊炉烧饼特会顽，不吃底，光吃盖，羊肉包子蘸醋蒜，吃稀饭，要四盘，虎皮酱瓜咸鸭蛋，炸肉菎噜干撒盐，南路烧酒喝老干，喝得好像一个醉八仙，海角槟榔叶子烟，你一朝晨花了我的六百钱。②

---

① 据《沈氏农书》并参见王家范：《明清江南消费经济探测》，《清代区域社会经济研究》。
② 华广生：《白雪遗音》卷三《两口变脸》。

▲（清）袁耀　城镇生活图

▲（清）袁耀　乡村生活图

尽管这是民间小曲中的两口子的吵架话，但毕竟在一定程度上揭示了城市一般劳动人民日常饮食生活的状况。清乾隆、嘉庆年间的杨米人，则用诗句将北京下层市民的食俗勾勒出来：

清晨一碗甜浆粥，才吃茶汤又面茶。
凉果楂糕聒耳多，吊炉烧饼艾窝窝。
叉子火烧刚买得，又听硬面叫饽饽。
稍麦馄饨列满盘，新添挂粉好汤团。
宋公腐乳名空好，马粪熏黄豆腐干。
果馅饽饽要澄沙，鲜鱼最贵是黄花。
甘香入口甜如蜜，索勒葡萄哈密瓜。
瓦鸭填鸡长脖鹅，小葱盖韭好调和。
苦麻根共茼蒿菜，野味登盘脆劲多。
两绍三烧要满壶，挂炉鸭子与烧猪。
铁勺敲得连声响，糊辣原来是脚鱼。
爆肚油肝香贯肠，木樨黄菜片儿汤。
母鸡馆里醺醺醉，明日相逢大酒缸。
紫盖银丝炸肉丸，三鲜大面要汤宽。
干烧不热锅中爆，小碗烧肠叫兔肝。

韩达韩与韩达力，哈尔巴同打辣酥。

牛奶葡萄叭哒杏，起名都闹雁儿孤。

羊角新葱拌蜇皮，生开变蛋有松枝。

锦华苏式新开馆，野味输他铁雀儿。

去风柳杖案头排，一个槟榔两劈开。

满地酒壶空报账，那知飞自别筵来。

不是西湖五柳居，漫将酸醋溜鲜鱼。

粉牌豆腐名南炒，能似家园味也无？

锡暖锅儿三百三，高汤添满好加餐。

馆中叫个描金盒，不比人家清客难。

秋凉茭笋拌芝麻，春暖酸浆煮豆芽。

凉菜夏天扣子好，冬天又有炒烙楂。[①]

　　清代北京的食俗，可以看成是明清时期城市人民的日常食俗的缩影。在明清所谓政治"升平"的时代，城市人民的日常食俗是完全可以达到这样的水平的。有人就曾这样记录明初饮食情景：

---

① 杨米人：《都门竹枝词》，《清代北京竹枝词》，北京古籍出版社，1982年版。

只说柴米油盐，鸡鹅鱼肉诸般食用之类，那一件不贱，假如数口之家，每日大鱼大肉，所费不过二三钱，这是极算丰富的了。还有那小户人家，肩挑步担的，每日赚得二三十文，就可过得一日了，到晚还要吃些酒，醉醺醺说笑话，唱吴歌，听说书，冬天烘火夏乘凉，百顽耍，那时节大家小户好不快活，南北两京十三省皆然……①

明末清初以上海食价为例：明末上海的猪肉售价，每斤不过二分银子上下。后因清兵南下，兵荒马乱，肉价涨到每斤银一钱二分。但到了清康熙十二年（1673），又恢复到每斤二分五厘，此后稍长一段时间常在三分上下。

清顺治六年（1649）秋成大熟，上海糯米每石只值一两二钱，粳米更贱，每石九钱。其后虽因水旱天灾，价值不时有升，但到康熙即位，连年丰收，康熙五年（1666）米价最贱时一石仅值二钱银子。

---

① 江左樵子：《樵史通俗演义》第一回。

康熙九年（1670），小麦卖的价钱比较高的是每石七钱银子。①

当然，明清饮食不是总维持在这样的水平上的。倘若发生灾荒，无论城市还是农村，人民的饮食都会出现可怕景象。尤其是农村，如明末南方一地，买来食物者，"在手捏不坚牢，即被人夺去如飞，赶着必然咬坏"；有人则将榆树皮做饼食，并蚕豆叶炒食，掘草根茅根大把吃。②

即使风调雨顺，也并非食俗好得不得了。有身份的人吃的"家常饭"，也不过是：一大碗豆豉肉酱烂的小豆腐，一碗腊肉，一碗粉皮合菜，一碟甜酱瓜，一碟蒜薹，一大块薄饼，一大碟生菜，一碟甜酱，一大罐绿豆小米水饭。③

至于农村老百姓所食更是简单：一盘韭菜，一盘莴苣，一盘黄瓜，一盘煎的鸡蛋，中间放了一大碗煮熟的鸡蛋，两个小菜碟儿，两个小盐醋碟儿，

---

① 上海通社：《上海研究资料·工商业》。
② 姚廷遴：《历年记》，稿本。
③ 西周生：《醒世姻缘传》第二十三回，上海古籍出版社，1981年版。

卖龙须面

卖羊肉包子

▲（清）佚名 街头饮食 外销画

卖秋食

小人儿上街买东西

一盘蒸食。①

官员亲自所记，亲朋在天寒地冻时来访，招待的也仅是：泡一大碗炒米送手中，佐以酱姜一小碟。平日则是咽碎米饼，煮糊涂粥，双手捧碗，缩颈而啜。②

上面所举，为东部、中部一带。明清时期全国各地经济发展是不平衡的，南方要胜于其他各地。依据《沈氏农书》可知，对雇工兼及家内农业劳动者的食物供给，其蛋白质、脂肪和碳水化合物三大人体营养要素的比例是合理的，其指标数值均大大超过现代标准。③一位来自欧洲的使节，就曾这样记述过苏州："这里的居民十分富裕，糖、盐、醋和葡萄酒等样样都有，各种菜蔬一应俱全。也有黄油和牛奶，是任何别处都无可比拟的。""这里的居民花天酒地不足为怪了。"④

这就告诉我们，经济发展状况决定食俗水平。但

① 李绿园：《歧路灯》第八十五回，中州书画社，1980年版。
② 《郑板桥集·家书·范县署中寄舍弟墨第四书》。
③ 洪璞：《明代以来太湖南岸乡村的经济与社会变迁》，中华书局，2005年版。
④ 尼·斯·米列斯库：《中国漫记》第四十二章。

▲(明)渔人饮食图

具体到某地区某个人，又有差别。如清代有的中级官员日常饮食并不奢华。[①] 清代有一官员亲睹各地食俗的记录，可作为我们观察明清食俗的参照系数：

东北屋中必有两大缸酸白菜，这是因为北地独多白菜，冬天腌上，一年就靠它佐杂粮为食。入关而西，风土萧瑟，绝少种稻粱。上自闲散王公、疏远国戚，八旗将兵以及官宦，一日之中，上者食面，下者杂粮。菜是羊肉、鸡蛋，百姓生嚼葱蒜，若调酱已是很丰盛了。

这位官员一向认为：北方人口福之薄远不及南方，但他在江西住了一个月，只两天吃肉，病了才以肉为药。有一富贵人家的"家食"是：每日可食四两肉；寻常人家，都以辣椒豆豉当饭，鱼也不能常供应。街上小户，每人捧一碗饭，上加两筷蔬菜而已。县镇大路上，将芥菜大梗，晒于地上，以备干腌，切丝佐饭……[②]

然而这毕竟是个别的，从明清总的食俗、形势来

---

① 徐世琳：《璞庵历记》。
② 何刚德：《客座偶谈》卷四。

看，除却天灾人祸、地域气候、民风厚薄等因素外，初期较为富足，中期兴盛，但有了变化，后期奢侈成风。明代浙江海宁一县的食俗可证：

嘉靖时设席待宾，前面空果罩五个，槟榔盒四个，每个四格，一糖包、一细壳、一小菜、一咸。有装满牲味的五大盘，一盘装肉包、松团之类的点心，三盏汤，靠近的是盐、醋二碟，再没别的了。招待近亲也不过如此。海宁县官许南台到一家做客，也是这样规格招待，县官不以为简，主人也不以为歉。

可是到了明万历年间，席上已是数十味菜了，水陆兼备，而且是必觅远方珍异食物，再发请帖。否则认为不够尊敬。像鳝鳖鳗鲫，嘉靖时为平常之物，每斤三四厘银子，万历时用此厚待尊客，每斤要二分多银子。

当初镇上店中只有桃、枣、空壳黄烧饼，藕、蔗都是船运来的，可是万历以来，已是色色俱全了，与大城市没有两样……[①] 正是由于明末侈靡风气渐启，

---

① 许敦俅：《敬所笔记·纪世变》，嘉兴祝廷锡民国十年手抄本。

于是"富家善宴会，贫者亦踵相效"①。

食俗的变化，表明食俗是有规律的。尤其是明清的岁时食俗，已基本固定。它主要为元旦、春节、上元、上巳、寒食、清明、填仓、端午、伏日、立夏、七夕、中秋、重阳、祭灶、冬至、除夕等，岁时食俗作为一种长久形成的精神现象，可以说地无分南北，人无分老幼，整个汉族都共同遵循。从相当多的明代地方史志中，可以看到这样的一幅幅岁时食俗图：

元日，乡村多携壶、榼为敬。到初八、九日则互相摆设筵席请客，喝春酒。②立春日，茹春饼、白萝卜③，饤春盘④。上元，用椒为汤，入荠菜，撒果诸物，人至来饮，叫"时汤"，又作面窝，像鸡子大那样的十二个，象征十二个月，每窝标记某月，用甑蒸，如炊饭一样，时间长要常拿出来看水浅深有无，以稽某月的水旱情况。⑤

---

① 《乾隆正定府志》卷十一《风俗》。
② 《嘉靖洪雅县志》卷一《风俗》。
③ 《隆庆赵州志》卷九《杂考·风俗》。
④ 《嘉靖河间府志》卷七《风土志》。
⑤ 《嘉靖常德郡志》卷一《风俗》。

上巳、寒食，人们或拾嫩如卷耳的芦蒿之类合米粉作果互相赠送，或用麦叶簪在鬓边[1]，或取青艾为饼饵吃[2]。清明，人们在拜扫坟墓之余，携酒游春。[3]填仓时，或用灰撒为梯囤形，中撒五谷，压上砖石，或围房屋撒灶灰，用油煎面饼吃，这叫"熏毒虫"[4]。

端午，多为"角黍蒲觞之会"[5]。人们邀亲朋好友吃角黍，饮菖蒲酒，这叫"解粽"，百姓佩绶带，俱插艾，携酒肴，寻幽胜，以为乐。嫁出的女儿，这时也要召还过端午[6]，并做粽子互相赠送[7]。

六月六日，储水。窖曲酱，曲有粗细，酱有生熟[8]。也有在这一天吃"鸡粥"的，认为这能补阳[9]。或在夏至时，食麦粥。[10]中秋，多在夜晚设赏月酒

---

① 《嘉靖江阴县志》卷之三《风俗记》第三。

② 《嘉靖太平县志》卷二《地舆志·下》。

③ 《嘉靖尉氏县志》卷一《岁时》。

④ 《嘉靖广平府志》卷之十六《风俗志》。

⑤ 《嘉靖武康县志》卷第三《风俗》。

⑥ 《嘉靖隆庆志》卷之七《风俗》。

⑦ 《嘉靖铜陵县志》卷一《时序》。

⑧ 《嘉靖雄乘县志》卷上《风俗》第三。

⑨ 《万历黄岩县志》卷之一《风俗》。

⑩ 《嘉靖河间府志》卷之七《风土志》。

裹角黍

以菰葉裹粘米為角黍
陰陽包裹之義以贊時也

◀（清）徐扬　端阳故事图册·裹角黍

▼（清）郎世宁　午瑞图

食①，市民置西瓜、月饼于庭，叫"团月"②。

重阳，是日以粉米为糕，交相馈送③，或做枣面蒸糕的"花糕"，兼送菊花，酿菊酒④，也有饮茱萸酒的。⑤冬至，服食米团，各家互相赠送⑥，乡下人设酒馔，祀祭祖先⑦，用屑米作丸吃，叫"冬至圆"……⑧

这些食俗，即使皇宫内也加以遵循，只不过它变得繁琐、华贵和典制化，但基本内容无甚异样。像吃元宵、吃饺子，这和民间食俗是一脉相通的。甚至后来的满族统治者，也都遵守这些岁时食俗。⑨因为汉族的岁时食俗已形成了一整套严密的规制。这可对明清苏州地区作一个案观察。

从正月开始，苏州百姓便将糯谷放入焦锅，老幼

①《嘉靖淳安县志》卷一。
②《嘉庆夏邑志》卷之一《节序》。
③《嘉靖建宁府志》卷四《风俗》。
④《隆庆赵州志》卷之九《杂考·风俗》。
⑤《嘉靖常德县志》卷一《风俗》。
⑥《嘉靖建宁府志》卷四《风俗》。
⑦《嘉靖池州府志》卷第二《风土篇》。
⑧《嘉靖太平县志》卷之二《地舆志·下》。
⑨ 万依:《清代宫俗与民俗》，载《故宫博物院院刊》，1985（2）。

各占一粒，唤作"爆孛娄"。在这个月，人们买春饼互相赠送。"上元"来临，人们又簸米粉制成丸子形状的"圆子"。用粉下酵裹馅，做成饼式，再用油煎的"油馕"，作为祭祖祀神的食物。

二月，吃隔年糕油煎成的"撑腰糕"，为的是"支持柴米凭身健，莫惜终年筋骨劳"。

三月三日，每家都将野菜花置灶陉上，用隔年糕油煎吃了，据说这样能使眼睛明亮，故叫"眼亮糕"。又吃冷的青团、红藕。也有的儿童对灶支鹊巢，敲火煮"野火米饭"。

四月，各户设樱桃、青梅、穤麦，供神，是所谓"立夏见三新"。宴饮则有烧酒、酒酿、海狮、馒头、面筋、芥菜、白笋、咸鸭蛋为佐。在这天也尝新蚕豆。诸种蔬果、鲜品，也应时上市，四时不绝。食店则煮青精饭为糕式，居民买来供佛，名唤"阿弥饭"，也叫"乌米糕"。十四日为吕仙诞辰日，人都吃"神仙糕"——米粉五色糕。

五月初五，居民吃像秤锤形状，用菰叶黍米为粽的"秤锤粽"。并研雄黄末，屑蒲根，和酒饮的所谓"雄黄酒"。五月为江南梅雨季节，家家备缸瓮，收蓄雨水，供烹茶用。人们认为梅天多雨，雨水多佳，蓄备瓮中，水味经年不变。

六月，街上叫卖冻粉、鲜果、瓜、藕、芥辣索粉。面肆中添卖半汤大面，早晚卖者有臊子面，用猪肉切成小方块为浇头。还有配上黄鳝丝俗称"鳝鸳鸯"的卤子肉面。在"三伏天"腌"酱黄"。馅成后，择上下火日合酱。

七月，市上担卖西瓜，互相赠送。或食瓜饮烧酒，以迎新爽。"七夕"前，市上卖用白面和糖，绾作苎结形，油氽脆酥的"苎结"巧果。"中元"时，农家各具粉团、鸡黍、瓜蔬等，在田间十字路口拜祀田神，这叫"斋田头"。

八月，月饼为中秋节物，十五夜，偕瓜果同供祭月筵前。二十四日，煮糯米和赤豆做团祀社，唤作"糍团"。人家小女子都选这天裹足，说吃了糍团缠住脚，能使胫软。

九月，人人食米粉五色的"重阳糕"。百工入夜操作。如诗歌言："蒸出枣糕满店香"，"篝火鸣机夜作忙"。

十月，用湖蟹宴客佐酒，汤炸而食，故叫"炸

216

蟹"。各户盐藏菘菜在缸瓮，都去心，以备冬用，因叫"藏菜"。有经水滴淡了的，叫"水菜"。或用所去菜心，剚蔽薁为条，盐拌酒渍入瓶，倒埋灰窖，过冬不坏，因此唤"春不老"。

十一月，各户磨粉为团，用糖、肉、菜、果、豇豆沙、芦菔丝等做馅，这是祭灶祀祖的食品。寒冬时，乡农将畜养牛的乳水，装瓶出卖，这叫"乳酪"，还做成乳饼，或泡螺、酥膏、酥花。当地人还用麦芽熬米做"饧糖"。

十二月，八日为腊八，居民用菜果入米煮"腊八粥"。并黍粉和糖做"年糕"。年糕有黄白之分，大的径尺，形方，俗呼"方头糕"，元宝式的叫"糕元宝"，都是准备为年夜祀神、岁朝供先、赠送亲朋的。还有形狭长的"条头糕"，稍阔点的"条半糕"。

春节前一二十天，市中有卖"巨馒"：用面粉搏为龙形，蜿蜒于上。循加瓶胜、方戟、明珠、宝锭形状，都取美名，为讨吉利，俗称"盘龙馒头"。

二十五日，用赤豆杂末做粥，大小遍餐。有出外者也复贮等待，就是褓褓小儿，猫、狗也给吃，这叫"口数粥"，为的是避瘟气。或杂豆渣吃，能免罪过。

除夕谢年

祭灶祈福

▲（清末）佚名　年节习俗考全图

冬节吃元宵

清明扫墓

岁晚，亲朋互相用猪蹄、青鱼、果品等馈问，这叫"送年盘"。除夕夜，家庭举宴，老幼咸集，共吃"年夜饭"，又叫"合家欢"。分岁筵中，有用风干茄蒂杂果蔬做菜，下筷必先吃，这叫"安乐菜"。年夜筵中，都用"冰盆"，或八或十二或十六。中间置铜或锡锅，杂投食物于中，放在炉上烹煮，为"暖锅"。

有的还放橘、荔枝在枕畔，元旦就寝时吃，此为"压岁果子"。煮饭盛新竹箩中，置红橘、乌菱、荸荠等果，及糕元宝，并插松、柏枝，陈列中堂，至新年蒸食，取有余粮意，名为"年饭"。又预淘数天米，于新年供在案头，名为"万年粮米"①。

苏州百姓岁时食俗，大体可以作明清汉族岁时食俗的观照。这就如同日本将清乾隆年间从江苏、浙江、福建、广东中国商人和水手口述整理出来的见闻，当成整个清代风俗一样的道理。

所以，我们还要从明清时期来中国的一些西方人

---

① 苏州岁时食俗，均引自顾禄：《清嘉录》，上海古籍出版社，1986 年版。

的著述中，去看看汉族的礼仪食俗，这主要体现在社交宴会上：

中国人的宴会是十分频繁的，而且是很讲究礼仪的。事实上有些人几乎每天都有宴会，因为中国人在每次社交或宗教活动之后都伴有筵席，并且认为宴会是表示友谊的最高形式。

但明代的这一礼仪食俗是相当繁琐而又典雅的：当一个人被邀请去参加一次隆重的宴会，在前几天就会收到一个请柬，请柬封面红竖条上写着被邀请人的名字，里面署有主人的姓名，其中包括：已将银餐具擦拭干净，准备下菲薄的便餐，很乐于听他的客人表示自己的看法，要求邀请人不可拒绝赏光等套语。

这样的请柬，要送给每个被邀请的人，不止一次，而是三次，以示尊重。当被邀请人如邀来到发出邀请者处，先到前厅喝茶，再进入餐厅。于是一套更繁琐的礼仪又开始了。

在全体就座之前，主人向客人深深鞠躬。然后，从餐厅走到院子里，用双手捧着酒碗，朝南把酒洒在地上，作为对天帝的祭品，再次鞠躬后，回到餐厅。

▲（明）周文靖 岁朝图

▲（明）钱贡 岁寒图

▲（明）陆治 元夜谯集图

主人对每个客人都要重复一遍鞠躬礼，然后分主次安
排位置，选出荣誉客人，协助主人招待客人。这位
"主客"，站在主人旁边，推辞在首位入席的荣誉，
同时在入席时还很文雅地表示感谢。

　　在上述礼节做完之后，所有的客人一起向主人鞠
躬，然后客人们相互鞠躬，大家入座，开始同时饮
酒。人们喝得很慢，一口一口啜饮，所以这一礼节要

重复四五次才能把一杯酒喝完。第一杯酒一喝完，菜
肴就一道一道地端上来……①

　　饶有兴味的是，在明代的西方人，不止一位，
不约而同地都对餐厅的摆设、餐具，进餐伴以歌舞、

----

① 利玛窦：《利玛窦中国札记》第一卷第七章，中华书局，
1983 年版。

杂技，特别是食物，进行了几乎是"照相式"的写照，娓娓道来，乐此不疲，他们各自清晰的描述，显现出来的是热诚的倾羡之情。

每个应邀的客人都有一张桌子和一把漂亮的涂金或涂银的椅子。有的则说椅子涂上厚厚一层沥青色，而且装饰着各种图画。每张桌前有一张垂到地上的缎子。桌上没有桌布，也没有餐巾，因为桌子很好，他们吃得也干净，以致无须这些东西。有的则说吃饭的桌子又长又宽，铺着很贵重的桌布拖到地面……

筷子是用乌木或象牙或其他耐久材料制成，不容易弄脏，接触食物的一头通常用金或银包头。有的则说：有两根精巧的、涂金的棍子，夹在手指间作取食之用，他们像使夹子那样使用它，不用手指接触桌上的食物。确实哪怕他们吃一碗饭，他们也用这两根棍子，不会把饭粒掉下来……

水果摆在每张桌子的边沿，排列齐当，那是些炒过的去皮栗子、敲碎和剥好的核桃、清洁和切成片的甘蔗、荔枝。所有水果都堆成像塔那样的整齐小堆，插上干净的小棍，因此桌上四周都用这些小塔装饰美观。继果品后，各种菜肴都盛在精美的瓷盘内，烹调精细，剁切整洁，样样都摆得整整齐齐，而尽管一套盘碟是放在另一套上，却都放得适当，以致上席桌的人无须移动其中任何一套就可以吃他愿吃的。

他们不大注意送上来的任何一种特定的菜肴，因为他们的膳食是根据席上花样多寡而不是根据菜肴种类来评定的。有时候桌上摆满了大盘小盘的各种菜肴。菜一端上桌子，就不再撤去，直到吃完饭为止，所以饭没吃完，桌子就压得吱嘎作响，碟盘子堆得很高，简直会使人觉得是在修建一个小型的城堡。

这些桌上放有尽可能多的盛食物的盘碟，唯有烧肉放在那张主要的桌上，其他非烧煮的食物放在其他桌上，那是为讲排场和阔气。有整只的鹅鸭、阉鸡和鸡、熏咸肉及其他猪排骨、新鲜小牛肉和牛肉、各类鱼、大量的各式果品，还有用糖制的精巧的壶、碗和别的小玩意儿，等等。

当每人入席后，开始奏乐，有鼓、六弦琴、琴、大弓形琵琶，一真演奏到宴会结束。厅中央有另一些人在演戏，我们看到的是古代故事和战争的优美表演。在福州除演戏外，还有一名翻筋斗的演员在地上和棍上表演精彩的技术，他们的演出伴有歌唱，也常演出木偶戏……

在进餐的全部时间内，他们或是谈论一些轻松和谐的话题，或是观看喜剧的演出。有时他们还听歌人或乐人表演。还要玩各种游戏，输了的人就要罚酒，别人则在一旁兴高采烈地鼓掌……①

这种社交礼仪食俗，在明清的北京尤为突出。作为人物荟萃之地，官僚筵宴没有一天没有的。②"宦途行走十分难，要是拘泥莫做官。酒肉能教情分厚，拉拢可使脸皮宽。"官场中人若想升迁，就得要在专门的"饭庄"摆出极为风光的"饭会"来。

▶（明）《燕子笺》传奇中的宴会图

_____

① 以上根据《十六世纪中国南部行纪》本，[葡萄牙]盖略特·伯来拉：《中国报道》；[葡萄牙]加斯帕·达·克路士：《中国志》第十三章；[西班牙]马丁·德·拉达：《记大明的中国事情》；[意大利]利玛窦：《中国札记》第一卷第七章。

② 朱彭寿：《安乐康平室随笔》卷六。

匙筷银厢样儿别致，酒杯瓷细花样新鲜。

但只见荸荠菱藕成冰碗，火肉松花俏冷攒。

四吊四鲜，果子洁净，忽大忽小，热炒香甜。

牡丹糕，藤萝饼，配着一碗杏仁酪。

漂儿菜、万年青，还有小碗儿玉兰。

又上了鸭子、鳝鱼，是火碗粉定。

更有那燕窝、鱼翅，海碗龙泉。

有的说："这酒是花雕吗？好有力量。"

又有说："这菜是老牛的吗？诸所齐全。"……①

　　类似宴请，与整个的官僚制度相始终，无穷无尽，从而滋长了吃喝风气，使社交食俗无限地膨胀起来，以致构成了礼仪食俗中最为庞大的部分。能与之并列的只有生育寿诞、婚姻丧葬等方面的食俗了。

　　在明代，"小孩三朝，就当个汤饼之会"②。这已约定俗成。举行"汤饼会"时，亲朋好友纷纷赠送

---

① 《饭会》，《清车王府钞藏曲本》。
② 冯梦龙：《古今小说》第十卷，人民文学出版社，1957年版。

染成红色的鸡、鸭蛋，以示祝贺。在三十天"满月"时，生儿之家还要举行满月宴会。在满一百天的时候，还要赠送鱼肉等食物。待一周岁生日的时候，又将亲戚朋友请来，举行"庆祝宴"。等到这儿童长到三四岁的时候，就要教给他右手拿筷、左手端碗的食俗知识。[1]

这是生育食俗的一般程序。各地区则略有差异。清代湖北的通城县，孕妇忌食猪肉，唯吃鸡。小孩生下抱出来见祖辈，也是用鸡肉献奠。贫家要用樽酒、干肉，富家要用猪、羊回报产妇的母家。过三五日，母家来贺喜，穷家要用笼鸡、一抬米回报，富家则用十余抬米不等。待一个月时，再具酒馔祭祖，设宴会庆祝婴儿的诞生。[2]

而湖南的永州地区，凡是妇女妊娠，先用老醋煮姜，或用芝麻、蔗糖煮，煮好用坛子储存起来，待生下小孩，就用这姜醋荐祖，送给亲戚。产妇的母家也用姜酒回赠，这叫作"姜酒会"[3]。

---

[1] 中川忠英：《清俗纪闻》卷六，中华书局，2006 年版。
[2] 《同治通城县志》，同治六年二十四卷活字本。
[3] 《道光永州府志》，道光八年十八卷刻本。

明清的寿诞，则是因人而异另一番景象。有的因过寿诞，一大早就请来"厨司"，"专料理待客酒席"。[1] 有的堂上要摆设糕桃，拜贺的人要进上寿酒。[2] 有的摆"下马饭"招待客人，来贺寿的人也多送食物。以一位七旬老妪的寿诞为例：

月台上，摆十张桌子，尺头盘盒，俱安于桌上。果盘等件，就月台地下摆了，羊酒与鹅酒，俱放在丹墀下面。还有鼓手奏乐。[3] 而且客人将贺寿的词，做酒令，每人饮一杯酒，念一遍寿词，一字差讹，则敬一杯。还来人表演与庆寿有关的技艺：在一三四寸长的葫芦里，变出一壶异香满室的香醪，使人饮了只觉得精回肺腑，这种别致的饮酒方式，使寿诞的气氛更加热烈，更加喜悦。[4]

还有的富贵人家老太太过生日，则要办一周以上

---

① 陈朗：《雪月梅》第五回，上海古籍出版社，1987 年版。
② 陈忱：《水浒后传》第三二回，上海古籍出版社，1981 年版。
③ 袁于令：《隋史遗文》第三十回、三二回，北京大学出版社，1988 年版。
④ 褚人穫：《隋唐演义》第二四回，上海古籍出版社，1981 年版。

的寿宴，诸子嫡孙按顺序排设筵席，以表贺心。[①]一般中等人家寿诞的一个标准也是"六筵等事，一切齐备"。"不知摆了多少酒席，席面上也是七次八碟，摆了满台。里面外面都吃得柱喉撑颈，杯盘狼藉。那有略唦藏味的，只有盛死不休的，还有吃不尽兜子奔的。你一杯，我一盏，杯杯满，盏盏干，好像吃不散的筵席。"[②]皇帝对他宠爱的大臣过生日，赏赐主要也是：千条寿面，御酒一坛，一席御宴，成盘寿糕，两盒寿桃等。[③]

明清时期的婚姻食俗，则更显得规制分明，明代对亲王婚礼就有明确规定："定亲礼物"要有北羊四只，猪二口，鹅二十只，酒八十瓶，圆饼八十个，末茶十袋，果六盒，白熟米二石，面四十袋。

"纳征礼物"就要：北羊三十二只，猪十六口，鹅三十二只，酒二百瓶，末茶三十二袋，果二十盒，

① 曹雪芹、高鹗：《红楼梦》第七一回，人民文学出版社，1982年版。
② 落魄道人：《常言道》第五回，嘉庆十九年刊印本。
③ 佚名：《海公小红袍全传》第二十回，群众出版社，2002年版。

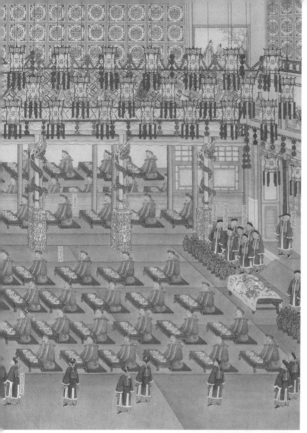

▲（清）光绪大婚图
　（局部）

▶光绪大婚至今未启
　封的两坛喜酒

响糖二盒，芝麻缠糖二盒，茶缠糖二盒，砂仁糖二
盒，胡桃缠糖二盒，木弹二盒，蜜煎二盒，枣子二
盒，干葡萄二盒，胡桃二盒，圆饼六百个，白面
一百二十袋。①

清代皇帝国戚举行婚礼，其中一个标志也是"龙
糕凤饼满盘盈"，认亲时，主要也是备酒席为礼，
而且要点梨园子弟演出，"笙歌齐奏安筵席，太王
妃，冠带端送酒觞"，演员们端酒"双双绕席劝金
樽"……②

中下层人家的婚礼食俗达不到这样高的水平，但
也要尽力铺设。明代境况好的人家，举行婚礼时，要
"唤厨子，雇乐人"，庆贺的人们要在管弦奏动中饮
酒，"直饮到月转花梢"③。

明代平民的婚筵则盛行"茶酒"，"即是那边傧

---

① 《明会典》卷六十九《婚礼·三》。
② 陈端生：《再生缘全传》卷十九第七四回、卷十一第四一回、
卷十第三九回。
③ 西湖伏雌教主：《醋葫芦》第八回，《日本内阁文库》藏笔耕
山房本。

相之名。因为赞礼时节，在傍高声'请茶''请酒'"①这等食俗要从始至终。就是贫穷的农家，举行婚礼时，也要"做亲筵席即摆开，奉陪广请诸亲友。乌盆糙碗乱纵横，鸡肉鱼虾兼菜韭"②。

婚礼食俗，属城市中最为精致。清代扬州喜事，款待媒人及新婿上门时，仅入座就要用三道茶，第一道是水果，第二道是燕窝，第三道是龙井茶。而这不过是小小的"点茶"③。

清代温州的婚俗，在新婚的三天里，举行婚礼的家庭要张饮设乐，遍请邻居和知名人士。客人入内平视南向而坐的新妇，不为失礼。而且客人们要往揖酹酒，喝完一杯又上一杯，"小往大来"，不是"海量"是不敢先喝的，相传不举行这种"坐筵"，家族就不会繁盛。④

清代县份的婚姻食俗，也十分讲究，如河南祥

---

① 凌濛初：《二刻拍案惊奇》卷二十五，上海古籍出版社，1983年版。
② 天然痴叟：《石点头》第六卷，上海古籍出版社，1985年版。
③ 林苏门：《邗江三百吟》卷九《名目饮食》。
④《袁枚全集》；《小仓山房诗文集》卷二十八《温州坐筵词》。

▲（明）仇英 清明上河图·婚礼食俗（局部）

▼（清）徐扬 姑苏繁华图卷·婚礼食俗（局部）

符县：所用羊、酒，羊忌黑眼，酒必以江南为贵。男家赠妇家果、面，这为"合欢酒"。妇家接受，换酒为水，又插筷子，这为"亲迎"。女家赠婿函金，女婿才吃饭，这叫"开口礼"，否则女婿不吃。女子离家，含面汁喷母，且掷筷于母怀里，这叫"留财"。

女至婿门，女要抱装五谷的"宝瓶"。第二天，女婿行谢亲礼，女子父亲则吃两角相抱、名为"抄手"的馎饦，用此来象征女婿的容貌。三天内，妇家赠饭，第三日女行"馈饭礼"，铓馇中加油蜜，以表示亲甜易入。女"回门"，婿家赠女家芝饼，女家按女子的岁数加倍，再还给婿家。婚礼中所用的羊，两家往来返转，最后仍归婿家，叫作"铺只羊"①。

明代河南有的县，男女双方在婚礼中除掉吃去的饭食外，互赠的食物可达猪、羊各二十四只，粮食可达一百二十多石。②

清代湖南祁阳县崇尚茶食——园蔬、时果用盐腌，俗称"咸酸"，或用糖蜜饧饴制作，叫"蜜饯"。

---

① 《乾隆祥符县志》，乾隆四年刻二十二卷本。
② 《嘉靖尉氏县志》，宁波天一阁藏嘉靖刻五卷本。

婚礼时，女家就用这样的"茶食"送男家，丰者达十数担。妇女终年劳动，多数是为了这个，有的预办数年才能够嫁女时用的。

湖南东安县行聘时，男家要做两个上绘有彩图的大饼，重者十余斤，轻者八九斤，为"礼饼"，还要备鸡、肉、鱼、果等"羊礼"。而且要备"歌筵"，实际仍然是备食物礼品，如男家要备一猪，名"唱歌猪"，又名"离娘猪"，一只羊，四只鸡，两只鹅，鱼、米、茶果等，鼓吹送至女家。

"喜筵"则是客至门外，用酒肴迎接，这为"下马杯"。入门，上茶，用姜汤煮两枚鸡蛋的叫"蛋茶"，茶内放糖的为"糖茶"。然后喝酒，由新娘提壶行"主人酌客礼"。有人还用诗咏婚礼食俗：

滟尊芳醽桂花香，脍切红鳞佐芥姜。深夜不须愁酒喝，更枇霜蔗教郎尝，泥金榼子压香肩，小髻青衣去馈年。腊醢霜柑纷节物，更珍寒具糁糖煎。（岁时馈遗，以女使致送元旦，俗尚油糍。）不羡螣朐食品良，山乡佳味说厨娘。桄榔缕挂银丝白，不托团蒸蜜

▲（清）佚名 送喜盒 外销画

蜡黄。（以灰汁漉米作糕，色嫩黄。）……①

　　吃喝在婚礼中就是这样的重要。又如，清代北方的婚礼食俗——"插戴"时：

　　天将饭食诸亲才齐到，厨房内打卤下面为的是简绝。不多时太太传话说叫摆饭，那些个家人仆妇就奔走不迭，先端上八碟热菜请吃喜酒，然后是吃面的小菜到有好几十碟，螃蟹卤鸡丝卤随人自便，以下的猪肉打卤没甚么分别……

　　"会亲"：先摆上整鸡整鸭与酿肚，四抢盘中有尾绝大的鲜鱼，然后是海参燕窝五碗南菜，水晶澄沙两样儿蒸食，旗下娶亲也用拉拉饭，尝汤已过银封儿赏了厨子，不住地让菜新亲他到底作假……

　　"回门"：必须如此你两口儿吃着这才安生。说着就放桌子先上碗菜，哈拉吧一样一个都用大盘盛，余外是鹿狗儿酿肠诸般杂碎，小桌抬到当地还热腾腾，老爷吩咐拾好的就片，枯忒勒打千儿跪片他的手

----

① 《道光永州府志》，道光八年十八卷刻本。

就不停，席面上两个冰盘不住地添肉，老爷他让了爱婿又让娇生，说是"姑爷请用只怕不大可口，姑娘你自己家里如何筷子也不通？"众亲戚跟着也让不住地布菜……①

与之相对应的丧事，虽是发送死人，但也是有繁复的饮食习俗贯穿其中。如富豪之家的丧葬就很典型：

在摆设灵堂的同时，就派出专人管厨房、酒房。"每日两个茶酒，在茶坊内伺候茶水；外厨房两名厨役，答应各项饭食。"在祭奠地，彩匠搭大棚，只"前厨房内"，就搭了"三间罩棚"。

上祭时："猪羊祭品，吃看桌面，高顶簇盘，五老锭胜，方糖树果，金碟汤饭，五牲看碗，金银山，段帛彩缯，冥纸炷香，共约五十抬；地吊高跷，锣

▶（明）《金瓶梅词话》第六十五回 出殡图

———————————

① 《鸳鸯扣》；《百本张子弟书》。

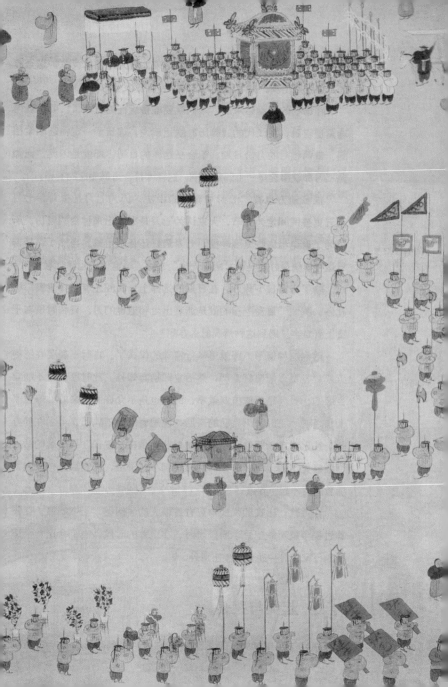

鼓细乐吹打，缨络打挑。喧阗而至。"来祭奠的堂客、女眷祭毕，都是"请去后边待茶设席，三汤五割，俱不必细说""上祭人吃至后响时分方散"。

一般"上纸"的，抬着饼馓、三牲汤饭来祭奠，丧家就要邀至"后边房儿里摆茶管待"。晚上，还有"海盐子弟搬演戏文"，在大棚内放十五张桌席，"都是十菜五果，开桌儿。点起十数支高擎大烛来，厅上垂下帘。堂客便在灵前，围着围屏，放桌席，往外观戏"。四个排军，"单管下边拿盘"，四个小童，"单管下果儿"，四个小优儿，"席上斟酒"。二回戏文唱过，"厨房里厨役上汤饭割鹅"。

祭奠的随其身份而食物也不一样，官员"都合了分资，办了一副猪羊吃桌祭奠"，招待的也不一样，"厨役上来三道五割，酒肴比前两日更丰盛齐整"。

到"四七"时，请来十六位喇嘛，"来念番经，结坛，跳沙，洒花米，行香，口诵真言。斋供都用牛乳茶酪之类""午斋以后，就动荤酒""次日，推

◀（清）无款 殡仪图

运山头酒米桌面肴品，一应所用之物。又委付主管伙计，庄上前后搭棚。四五处酒房、厨坊，坟内穴边，又起三间罩棚。先请附近地邻来坐席面，大酒大肉管待，临散皆肩背项负而归"。

出殡时，仪仗队里，有"掌醮厨，列八珍之罐"。"那日待人斋堂，也有四五处；堂客在后卷棚内坐，各有派定人数。热闹丰盛，不必细说。吃毕，各有邀占庄院，设席请西门庆收头饮酒，赏赐亦费许多。"

在丧事期间，有显贵高官来临，"家中厨役落作治办酒席，务要齐整。大门上扎七级彩山，厅前五级彩山。十七日，宋御史差委两员县官来观看筵席"：

厅正面屏开孔雀，地匝氍毹，都是锦绣桌帏，妆花椅甸。黄太厨便是肘件、大饭、簇盘、定胜、方糖、五老锦丰、堆高顶吃看大插桌；观席两件小插桌，是巡抚、巡按陪坐；两边布政三司有桌席列坐；其余八府官，都在厅外棚内两边，只是五果五菜平头桌席。

▶ （明）《金瓶梅词话》第六十三回 祭奠图

在筵席举行过程中，还由训练有素的艺人表演戏剧《裴晋公还带记》，"一折下去，厨役割献烧鹿花猪，百宝攒汤，大饭烧卖"①。这种高贵典雅、井然有序的丧葬食俗气派，唯有富豪人家才能操办得起。

但即使是平民之家，凡"开吊"也是必用盛筵款客。②如在陕西，往往是家中先设六簋，请随行亲友宴饮，这叫"鹿鸣菜"，后备大馍、素菜，请送"吊礼"家的男、女分棚会食，吃斋，几天就要破费千百钱。③就是陕西的有钱人家，在丧葬期间，因办猪羊油盘，食桌动辄数十，为此倾家荡产的也是很多。④

明清的宗教信仰食俗也是很耗费的。这主要是由于全国各地寺庙非常多，撮其大概有：天神地祇类寺庙，如城隍庙、土地庙；自然神类寺庙，如山神庙、河神庙；动物类寺庙，如龙王庙；人神庙，如关帝庙；职业神或专业性神庙，如仓神庙；各种有名或无

---

① 兰陵笑笑生：《金瓶梅词话》第六三回、六四回、六五回，人民文学出版社，1985 年版。
② 《乾隆武威县志》，乾隆十四年刻一卷本。
③ 《道光神木县志》，道光二十一年刻八卷本。
④ 《雍正陕西通志》，雍正十三年刻一百卷本；《乾隆同州府志》，乾隆五年刻二十卷本。

名仙鬼之类的庙，如天仙庙。

这些寺庙遍布城乡，且同一类型寺庙就有多座。如顺天府二十四州县中，见于记载的各类龙王庙就有二十五座之多；明代永乐年间的南通一地便有十座晏公水神庙。[1]

寺庙的职能囊括了城镇乡村居民生活的所有方面，像祈雨求晴、事业升学、医治疾患、生儿育女……无所不能，无所不管。信仰于斯的人民，每逢节令，对这些神灵寺庙祭祀，饮食习俗的图卷也随之在寺庙中展开。

一富家子弟逛护国寺庙会，边走边看，接触到永和斋的酸梅汤，喝了一碗，见到了吉顺斋饽饽铺也到庙会摆摊，他吃了"麻里麻糖真有趣味"。也看见"卖苦果的撅着胡子"，"有许多卖熟食的，油腻腥脏难寓目"。他命仆人去买了"冰镇的甘蔗一块口内含"，"再买一包小炸食与哥儿带去"[2]……饮食行

① 赵世瑜：《明清时期中国民间寺庙文化初识》，载《北京师范学院学报》，1990（4）。
② 佚名：《逛护国寺》，《清车王府钞藏曲本子弟书集》。

业饮食习俗穿插庙会期间，使庙会更耐看耐逛。

用酒肉吃喝来表达对神灵祭祀之情，已成为宗教信仰中约定俗成的规矩。如二月二的"土地神诞"，食寿面，饮福酒。[1] 每家都出酒肉，合席聚饮，"闹土地会"[2]。其他，如春日祀土神、谷神；立夏祀龙神、雹神；五月五日，祀火神……[3] 也莫不如此。

在宗教信仰食俗中，规模最大、影响最广的要首推四月初八的"佛生日"和俗称"鬼节"的盂兰盆节。

明代的每一地区，每逢此时，都要用五香和蜜水浴释迦牟尼太子像，妇女到尼庵饮"浴水"[4] 或采乌桐叶将饭染成青色的"乌饭"互相赠送[5]。或用糖豆遍赠礼佛。[6]

清代的北京地区，在这一天里，煮豆撒盐，邀

---

① 《乾隆荆门州志》。
② 《同治长阳县志》，同治五年刻七卷本。
③ 《光绪定兴县志》，光绪十六年刻二十六卷本。
④ 《正德琼台志》卷七《风俗》。
⑤ 《万历黄岩县志》卷六《风俗》。
⑥ 《嘉靖江阴县志》卷之四《风俗记》。

人在野外共食，认为这是"结缘"。这是由于京师僧俗念佛号时，都用豆识其数。有诗句说得好："结缘舍豆荷神慈，赶得秋坡好布施。念佛一声唵一豆，此中因果几人知。"[1]人们还纷纷到"悯忠寺"，去施舍斋饭。街道寺院搭苫棚座，施茶水盐豆，还禁止屠割。[2]

据传，"盂兰盆节"是因目莲母生饿鬼不得食，所以在七月十五日，用五味百果注盆中，供养十方大德，然后母得食。以"盂兰盆供养"，蕴含着要使逝去的祖先享受不到腥、荤之意[3]，所以明代的人们设斋素，祭祀祖先[4]，或携酒果肴馔，到祖坟祭拜。[5]

清代江南地区的祖先祭祀，在七月十二日夜，就把祖先的亡灵迎至厅堂上座安放，供拜香华、灯烛、茶汤。十三日至十五日供奉茶、酒、饭、鱼肉、鸡、豆腐、馄饨，以及其他时令果蔬。[6]农家在此刻则祀

---

① 张朝墉：《半园癸亥集·燕京岁时杂咏》。
② 潘荣陛：《帝京岁时纪胜·四月》。
③ 《嘉靖洪雅县志》卷一《风俗》。
④ 《嘉靖海门县志》卷三《风俗》。
⑤ 《嘉靖隆庆志》卷七《风俗》。
⑥ 中川忠英：《清俗纪闻》卷之一，中华书局，2006年版。

田神，用粉团、鸡黍、瓜蔬等食物，在田间十字路口拜祝……①

这两种宗教信仰食俗，构成了明清宗教信仰食俗中较有特色的部分。但以祭神为特征的宗教食俗，每一地区又有所不同，有所变化。

在北京附近的宛平，四月八日为"娘娘神降生"日。不育妇女都在这天去娘娘庙乞灵，遂带动全城妇女，无论老少都携酒果前往……②

在吴江，从元旦开始，乡村坊巷都举行"天曹神会"。每人献米五升，专供此会酒肴消费，至十一日，广列酒肴，凡在会者全到。读榜文或大诰，然后便吃喝起来，一连三天才停。③

明清最为一致的，最有特色的宗教信仰食俗，是岁晚祭灶迎神。可以说，"各处皆同"④。这是因为

◀（清）恶修罗施散瘟疫豆

---

① 顾禄：《清嘉录》卷七《七月·斋田头》。
② 沈榜：《宛署杂记》第十七卷《民风·一》。
③ 《乾隆吴江县志》卷三十九《风俗》。
④ 王韬：《瀛壖杂志》卷一。

▲（清）无款 祭祖图

灶神掌一家人的饮食，是家居生活不可缺少的宗教信仰。

　　在腊月二十三、二十四这两天里，各家各户用糖剂饼、黍糕、枣栗、胡桃、炒豆祀灶君，用糟草秣灶君神马。[1]用素祭代替荤祭，这是明清与前代有较大

---

[1]　刘侗、于奕正：《帝京景物略》卷之二《春场》。

一年農事遍民底皆安逸歌
遍社村共享异千世五風君
生十雨蒼天濟當年后稷神
與後人祭

欽天監五官□□□
鴻臚寺序班臣朱□□

▲（清）焦秉貞　祭神图

差异之处。① 尤其是清代的祭灶食俗，用的是清一色的糖。

[数岔] 腊月二十三，呀呀哟。家家祭灶送神上天，察的是人间善恶言。一张方桌搁在灶前，阡张元宝挂在两边，滚茶凉水，草料俱全。糖瓜子，糖饼子，正素两盘。当家人跪倒，手举着香烟，一不求富贵，二不求吃穿，好事儿替我多做，恶事儿替我隐瞒。祝赞已毕，站立在旁边。灶君闻听哈哈笑，叫了众生你听言，诸般别的我都不要，你把那糖瓜子、糖饼子，灶火门上与我粘粘一个遍，等我闹上点子甜的，好替你美言。②

清代祭灶用糖，数量很大。以至一到祭灶，人们便"抬得饴糖街巷喊"③。而北京的祭灶糖多是十二月份时，由关外沈阳运来，这种"关东糖"，叫

---

① 杨福泉：《灶与灶神》第五章，学苑出版社，1994年版。
② 王廷绍：《霓裳续谱》卷八《杂曲·腊月二十三》。
③ 定晋严樵叟：《成都竹枝词》，嘉庆乙丑新刊成都心太平斋藏版。

▲（清）佚名 卖祭灶糖 外销画

"糖贡"。①

"关东糖"原料地道，质量纯正，制作精良，爽口香甜。其热量高，多食当然会补虚冷，益力气、助热。所以，在北风刺骨的腊月，用糖祭灶，从而饱餐一顿，已成为明清宗教信仰食俗中的普遍景象。

在明清，对逝者的祭祀食俗也是必不可少的。往往是四时节序，祭祀祖先生忌，祀毕少长共饮。②特别是对那些有身份人的"祀功"食俗，以其繁复的品种来表达隆重的意味，如明代顺天府宛平县奉命，对河间、定兴二王的致祭食俗：

猪二口，羊二只，祭帛二段，降香二柱，官香二束，牙香二包，大中红烛四对，缨络二对，省牲纸一分，金银方十副，金银锭十挂，阡张二块，金银山二座，祭帛匣二个，祭酒二瓶，看桌大高顶花一座，斗糖八个，狮子糖二个，五老糖五个，大饺胜十个，猪肉一肘，羊肉一肘，大鹅一只，大鸡二只，

---

① 吴振棫：《养吉斋丛录》卷八。
② 《乾隆黄州府志》，乾隆十四年刻二十卷本。

大鱼一尾，四头糖五盘，馓枝五盘，糖饻五盘，麻花五盘，荔枝、圆眼、核桃、红枣、胶枣共五盘，点心五盘，大馒头八个，盆花五盘，食桌高顶花二座，二头糖十六个，饻胜二十个，鸡二只，鱼二尾，猪肉二块，羊肉二块，牛肉二块，果山十座，糖饻十碟，馓枝十碟，点心十碟，称果十碟，油果十碟，五牲十碟，咸食十碟，熟案十碟，小菜十碟，金汤玉饭十碗，树根花五碗，树羔五碗，海相生五碗，面瓜五碗，狮象五碗，面果五碗，猪羊袱子四个，五老亭五座，宝妆花三十朵，插花六十枝。[①]

　　致祭食俗一般因致祭对象而定规模，因而不能算为特殊食俗。明清有些特殊食俗，却并不是大操大办，而是在民间广泛流传而被"约定俗成"。如有人好吃人肉，认为吃人肉可长生不老，孜孜以求，溢于言表[②]，个别人还专到野外拾弃儿，蒸熟，捣成丝片，

---

①　沈榜：《宛署杂记》第十八卷《万字·一祠祭》。
②　吴承恩：《西游记》第八回、二七回、四十回、四三回、七七回、七八回、八一回、八五回、八六回，人民文学出版社，1980年版。

蘸着醋吃，每天都要准备这样一顿"人肉餐"①。有的城市店铺，就有卖"人肉羊糕"的。②

在灾荒日子里，求生性食人现象就更为突出了。在史书可见记载：在清代二百余年时间内，大约每十五年就有食人的情况发生。但是也有以医疗为目的的尽孝食人行为，仅在明清正史中，出于尽孝动机食人的行为就达七十五例。③无论是灾荒性的，还是尽孝性的，食人在明清作为一种独特的食俗现象较多存在过。④

用曲艺样式"莲花落"来乞讨要饭吃，也是明清广泛流行的一种独特食俗。乞讨者将小曲唱词练习得滚瓜烂熟，并根据施主需要加以变化，以此来打动人心，讨饭维生。

明代有一长寿姐，求乞于市。她觅了一副鼓板，沿门叫唱"莲花落"。在一村中讨饭时，人们让她唱

---

① 黄轩祖：《游梁琐记·记淮宁二巨逆案》。

② 佚名：《在野迩言》卷六《人肉羊糕》。

③ 《明史》；《清史稿》。

④ 参见郑麒来：《中国古代的食人》，中国社会科学出版社，1994年版。

一个"六言歌上第一句"，随口就唱，人们让她"再唱个六言第二句"，她又随口就唱，可以说是"出口成章，三棒鼓随心换样"。有人让她唱个"和睦乡里"，有人让她唱个"子孙怎么样教？"有人让她唱个"各安生理"，她都"随口换出腔来唱道"。于此可知"莲花落"可变换各种腔调唱。长寿姐甚至在唱累了的情况下，"说一西江月词"。"众人喝彩道：'好个聪明叫化丫头，六言歌化作许多套数，胥老人是精迟货了。'一时间也有投下铜钱的；也有解开银包，拈一块零碎银子丢下的；也有盛饭递与她的；也有取一瓯茶与她润喉的。"①

沦落的贵族子弟，当衣食无着时，便将自己的身世溶入"莲花落"，或"则作长歌，当作似《莲花落》，满市唱着乞食。"② 这在明清已非个别现象。

比较特殊的食俗，还有清代中期以来在秘密社会中流行的，以严密格式和程序组成的饮食规矩。这

---

① 天然痴叟：《石点头》卷六《乞丐妇》，上海古籍出版社，1985年版。
② 凌濛初：《二刻拍案惊奇》卷二十二，上海古籍出版社，1983年版。

种饮食规矩，是那些自清代中期以来成千上万离乡背井、生活无着的流浪无产者们诸如起于乾隆二十六年的"天地会"，就是破产劳动者实行生活互助的一种团体。[①] 在秘密社会活动中，为寻找食物接济而创造的。

他们不仅把日常食物化为一套固定的隐语[②]，使道中人有所遵循，还将饮食的方法化为通俗易懂的诗歌[③]，如赞酒诗、献茶诗、献酒诗、装槟榔来奉诗、卖果诗、过路饥饿讨食诗、饮水诗、席上起筷诗、奉鸡鸭诗、白肉诗……[④] 使文化不高的流浪无产者所接受。

◄ （明）绣襦记 教唱莲花图

---

① 蔡少卿：《关于天地会的起源问题》，载《北京大学学报》，1964（1）。

② 李子峰：《海底》，上海文艺出版社；《民俗民间文学影印资料》之四十六。

③ 《广西东兰州天地会成员姚大羔所藏会簿》，中国第一历史档案馆藏。

④ 萧一山：《近代秘密社会史料》卷五。

乞食花子

▲（清）佚名 外销画

化月米和尚

▲（清）茶阵"五祖茶"图

尤其"茶阵"，通过茶杯数量的增加、放置的转换，浅显易懂地送输出了政治、食俗双重蕴含意义：

三杯茶，有筷子一对在茶面上。可用手拈起筷子，说道：提枪夺马便饮。

患难相扶茶：一茶壶，一茶盘，五只茶碗；一只碗与壶置盘外收右侧，盘中置四碗，饮法为将盘外茶碗置于盘上四碗中央，然后饮下。

一只筷架碗上诗：人不离甲，马不离鞍，单鞭能救主，独脚马难行。①

哥老会的"茶阵"则又具特色，无茶壶和筷子，

———————————

① 萧一山：《近代秘密社会史料》卷六。

只有茶碗的排列和变置，其普通的吃茶方式有：四平八稳阵、仁义阵、五梅花阵、桃园阵、七星阵、六顺阵等。

据统计，清代的秘密社会有三四百种，拥有数千万徒众。[①] 这就标示着秘密社会的饮食习尚，在相当大的范围传播着。

而其他一般的特殊食俗，则多依其地理环境产生、运作。如广东东莞县产茶，这里的人民，一到清明，就摘菊花和米粉蒸作饼，用茶调成羹，互相赠送，唤作"菊花茶"[②]。产茶的杭州则是在立夏之日烹新茶，配上诸色细果，馈送亲戚邻居，这叫"七家茶"[③]。

在广东，人民喜食生鱼，其制作是用刚出水活蹦乱跳的鱼，去其皮剑，洗其血鲊，细剑为片，和以椒藏，入口冰融，非常香美。[④] 而且，广东人均用生

[①] 蔡少卿：《中国近代会党史研究》，中华书局，1987年版。
[②] 《嘉庆东莞县志》卷三十九《风俗》。
[③] 周亮工：《西湖游览志馀》，《武林掌故丛编》第二十集。
[④] 屈大均：《广东新语》卷二十二《鱼生》。

鱼来招待宾客，还用生鱼煮粥，叫"鱼生粥"。①

也有的食俗只属于当地而他地没有的。如清代河南祥符县每逢春节，县署皂、壮、快三班都要备一桌上等"鱼翅席"，送至城东奎星楼上，作馈赠绿林巨盗过路的"年敬"。这是用酒菜的有无来检验一年全县的安宁。②

特殊食俗一经形成，便固定下来了，成为区别于他地的食俗。像清代杭州，一"立夏"，便奉行"三烧五腊九时新"的食俗，即烧饼、烧鹅、烧酒的"三烧"，"五腊"即黄鱼、腊肉、盐蛋、海狮、清明狗，"九时新"即樱桃、梅子、鲥鱼、蚕豆、苋菜、黄豆笋、玫瑰花、乌饭糕、莴苣笋。③

正是类似的特殊食俗的繁衍，才烘托出明清汉民族整个食俗的丰富多彩……

---

① 张心泰：《粤游小识》，《小方壶斋舆地丛钞》第九帙。
② 陈雨门：《开封春节钩沈》，载《河南文史资料》第五辑，1981。
③ 佚名：《杭俗怡情碎锦·时序类》；洪如嵩：《杭俗遗风补辑》。

明清是中国疆域空前辽阔、巩固的时期。"东起辽海，西至嘉峪，南至琼、崖，北抵云、朔，东西万余里，南北万里。"（《明史》卷四十《志》第十六《地理一》）也是中国多民族统一的国家，白族、哈尼族、纳西族、傈僳族、拉祜族、基诺族、傣族、侗族、布依族、仡佬族、水族、苗族、瑶族、壮族、仫佬族、毛南族、京族、土家族、畲族、黎族等少数民族已经形成一定规模。

由于明清少数民族基本上分散在边远地区，生态环境的差异很大，遂使他们的生活风貌差异也很大，都有其特殊的嗜好和禁忌，因而各自形成了富有特色的风味食品与习俗。

在这一时期，各少数民族由于受汉族的影响不同，生产力发展水平也不尽相同。所以饮食习俗也参差不齐，作为少数民族主体的满族、蒙古族、回族、维吾尔族、壮族、苗族等民族，其饮食习俗已与文明的汉族同步。而其他少数民族，如藏族的饮食习俗尚处在封建社会早期的鹅步鸭行，大小凉山的彝族饮食习俗，则徘徊在刀耕火种阶段，台湾高山族的饮食习俗，仍笼罩着原始社会的一片云彩……

少数民族的饮食习俗，尽管有所差别，但在明清已相对稳定地发展、传承，并与汉族的饮食习俗互为交织，互为补充，以其多样的风格，丰富了中华民族饮食习俗的内容。

一个多民族的、统一的国家形成于明清。

明清少数民族已达数十个之多。仅分布在中国西南的少数民族就有白族、彝族、么些族、傈僳族、阿昌族、拉祜族、哈尼族、藏族、普米族、怒族、独龙族、景颇族、傣族、壮族、苗族、瑶族、布朗族、崩龙族、佤族、蒙古族、回族……[1]

由于少数民族多居住在边远地区，生存环境各异，饮食习惯也大相径庭。即使同一民族，由于住地不同，饮食习俗也有差别。但归纳起来，少数民族的食俗和汉族的食俗相差无几，也可分为日常食俗、年节岁时食俗、婚丧生娶食俗、礼仪社交食俗、信仰食俗等。概而言之，少数民族的食俗基本可分为三大类型：

---

[1]　尤中：《中国西南的古代民族》第五章，云南人民出版社，1980年版。

▲（明）仇英 职贡图（局部）

一种是接近汉族的食俗；

一种是完全保持着本民族食俗特色；

一种是处于相对落后状态的食俗。

接近汉族的食俗，是泛指那些与汉族经济、文化联系较强的少数民族的食俗。明清史实是，除极少数的少数民族外，各少数民族的社会都已陆续步入了封建时代。自明代以来，铁质农具已在大部分少数民族地区应用，少数民族的耕种"均与内地无异"[1]。明代思州、思南、镇远一带，稻谷已有六七个品种[2]，清代水族居住的平坝地区，水稻亩产已达三百斤以上。[3]

清乾隆时，云南少数民族地区已发展成："野无旷土，商贾辐辏，汉土民夷，比屋而居，庐舍稠密，

▶（清）苦聪族像

---

[1] 《琼黎一览》，《琼崖黎歧风俗图说》，广东省博物馆。
[2] 爱必达：《黔南识略》卷十二。
[3] 《水族简史》，贵州民族出版社，1985年版。

慈俗似糯比
强弱以地殊
居種禅珠於
大景東憲文

已与内地气象无二。"① 嘉庆后期的彝族聚居地宁远府区域，已是粮食、蔬菜、果实，品种繁多；畜牧、狩猎、捕鱼，应有尽有……②

在这样的少数民族地区，饮食习俗已有较高的水平。像徐霞客在丽江所接受的少数民族的宴会：除了白葡萄、龙眼、荔枝等果品外，还有一种"酥饼油线"的糕点，这糕点制作得细若发丝，中缠松子肉片，非常松脆。另一种叫"发耔"的食品，竟是"白耔为丝，细过于发，千条万缕，合揉为一，以细面拌之"，味道甜而不腻……③

这类精美食品，在先进的汉族中间也不常见。而且，即使少数民族宴席，也可排出与汉族饮食规格相媲美的场面：

南国腥唇烧豹，北来黄鼠驼蹄。水穷瑶柱海僧肥，脍落霜刀细细。翅剪鲨鱼两腋，髓分白凤双栖。

---

① 《云南总督张允随奏》乾隆十一年二月二十日，故宫明清档案部藏。
② 《嘉庆宁远府志》卷五一《物产》。
③ 《徐霞客游记》卷七《滇游日记》六、七。

荔枝龙眼岂为奇，琐琐葡萄味美。①

　　此食俗标志着自明代起，西南地区的少数民族食俗，已开始迈进了文明的门槛。这是因为明清时期，整个西南已成为汉族与各少数民族共同杂居区，西南地区的各少数民族，已向先进的汉族看齐，从事着稻米、小麦的种植生产，因而他们在饮食习惯上也大致与汉族相同。②

　　如西南地区的几个主要的少数民族：白族，多以稻米、小麦为主粮，玉米、荞子、马铃薯为主食，蔬菜副食品种也很多③；苗族，多种稻谷，所以三餐粟米、杂粮并用④；壮族，也是以稻米、玉米、芋头、红薯、木薯和荞麦为主⑤；瑶族，多以大米、玉米、

① 陆人龙：《型世言》第二四回，中华书局，1993年版。
② 景泰：《云南图经志书》卷四《楚雄府》；乾隆《永北府志》卷二十五《北胜州土司所属夷人种类》。
③ 徐炯：《使滇杂记·物产》。
④ 吴省兰：《楚峒志略》，《艺海珠尘》癸集。
⑤ 王韬：《黔阳苗妓纪闻》，《清史资料》第4辑，中华书局，1984年版。

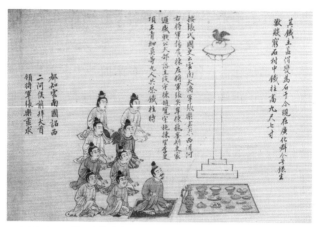

▲（清）南诏图传·祭柱传位

早在唐代，云南南诏贵族就可排出丰盛的酒席，至明其饮食更加华美

红薯、芋头为主，蔬菜则有辣椒、南瓜、黄豆等①；黎族，粮食主要是稻谷和玉蜀黍，但蔬菜较少，肉类多为狩猎到的野禽②；彝族，食杂粮荞稗者居多③，饮食与汉族同……④

不仅如此，各少数民族也大量采用了汉族的春

---

① 李来章：《连阳八排风土记》卷三《风俗·瑶俗》。

② 廖金昀：《浅谈海南黎族饮食生活》，载《中国烹饪》，1988（2）。

③《乾隆景东直隶厅志》卷三之五。

④《乾隆姚州志》卷一《风俗》。

节、端午、中元、中秋、重阳等岁时节庆，其间自然也贯穿着饮食习俗。但只能说是一定程度上接近汉族的岁时节庆食俗，各少数民族的岁时节庆食俗与汉族的岁时节庆食俗是不尽相同的。

云南少数民族地区，每年六月廿八日，家家缚起高七八尺的茭芦置于门外，燃烧到深夜，过"火把节"。这一天又用牲肉细缕和脍，用盐醢，不烹饪，为的是"吃生"。据说这是纪念明洪武年间被元梁王所杀王祎醢食其肉一事而成立的节日，这与汉族的寒食节的意蕴相仿佛。①

在汉族过"上巳节"的同时，壮族则过"歌节"。他们用红兰草、黄饭花、枫叶、紫蕃藤的汁浸泡糯米，做成黄、黑、紫、白、红的"五色饭"吃，还吃猪籽粽、牛角粽、羊角粽、驼背粽等。壮族也过中元节等。②明清之际的壮族，还仿照汉族的春节饮食习俗，创立了"吃立节"，"吃立"意为过晚年，

---

① 江盈科：《雪涛谈丛·滇中火节》；沈德符：《敝帚轩剩语》卷上《火把节》。
② 田汝成：《炎徼纪闻》卷四《蛮夷·僮人》。

▲（清）边地少数民族饮食生活

时间为正月三十或二十九。①

在九月"重阳"，苗族也饮"重阳酒"，酒是在九月贮在瓮里制成的，他日味道就不好了。用草塞

① 方素梅：《清及民国壮族社会风俗变迁述论》，载《中南民族学院学报》，1995（2）。

▲（清）边地少数民族饮食生活

瓶颈，临饮，注水平口，用通节小竹插草内，吸饮，这种"重阳酒"也叫"咂酒"。[1] 正月一日，苗族的少年男女都出来到山上，铺席共坐，吃粉团甜糟肉

———————————

[1] 李宗昉：《黔记》卷一。

283

饭，欢笑竟达一天。①

更为接近的是，苗族婚礼中的食俗，已与汉族婚礼中的食俗无大差异。如娶新娘时用涂彩的一羊、一牛、一猪、一狗、二瓮酒，女婿拜堂用三次桂子汤，在拜外姑时，帘外的女婿要进三次梅花汤。进入三堂后，又要向外姑等进三次玫瑰汤和三次枣栗莲子汤。外姑要回赠金、玉杯各一对，金、象筷廿双。在大堂坐席时，要饮三爵，撤席，更衣上，撰盘，又饮三爵。

在引出女与婿并立拜祖宗神位时，绯衣侍妇揭女绣盖，以女面示婿，在啧啧颂女的苗语中，送粉团汤给女婿与女，侍女引匙进食。待新妇到男家时，新婚夫妇不坐床，席地而坐，饮交杯酒，然后逐位递饮。待新郎坐定，受二拜答二拜时，老妇进陪嫁女仆的酒，手捧，新郎饮一半，陪嫁女仆接，跪饮。

待鸡初鸣，陪嫁女仆至新房道喜，候新妇妆毕，偕新郎在姑寝门外递茶。新郎还要到大堂拜外舅，入

---

① 王韬：《黔阳苗妓纪闻》，《清史资料》第四辑，中华书局，1984 年版。

后堂拜外姑，留饮，陪者是数以百计的亲属，俱各再拜，再饮。晚上，新郎、新妇率陪嫁女仆递酒核。这样的食俗礼节要持续五天。第六天，在后堂张乐设席，新郎、新妇先拜天地，次祀灶等，后坐席。席间，姑递杯筷，新妇跪辞，小姑代行礼毕。新妇跪递姑杯筷，再递给女亲属，再小姑，饮三爵后，撤席更衣，再饮三爵。

待整个婚礼接近尾声时，要请设三代祖宗神主，盛设酒宴，大堂会男，后堂会女，新婚夫妇执贽遍拜长者……①

少数民族中类似这样的接近汉族的食俗，有许许多多。就其主流来看，又都是少数民族自己的食俗占重要成分。这种完全保持着本民族食俗特色的少数民族，以满族、蒙古族、回族、维吾尔族、藏族最为鲜明。

满族日常所吃的饭、粥，主要是以黏性的稗、粟为主。②这是因为黏食抗饿，吃了以后身体强壮有

① 陈鼎：《滇黔土司婚礼记》，《香艳丛书》第二集。
② 方拱乾：《绝域纪略·饮食》，《说铃前集》。

力，而且黏食适宜远程外出和狩猎、出征作战携带。满族的黏食品种有很多，若黏高粱，黏苞米、黏谷子、黏糜子等。[1]

在明代，满族食俗中就时兴一种用各样精肥肉，将姜、葱、蒜锉得像豆大，拌上饭，用莴苣大叶裹食的"包儿饭"[2]。这种饭菜一体、鲜蔬、熟肴、葱酱互相"串味儿"，双手握而食之的习俗据传是多尔衮带军时，士兵用菜叶包着黏米饭吃，又用菜叶子包好黏米饭带着征战，度过了饥饿，士气大振，入了关，建立了大清国。于是，在满族食俗中吃"包儿饭"就保持下来。当然，这种"包儿饭"，已不限于黏米，而是五谷杂粮，应有尽有，蒸熟了混拌在一起，再把各种牲畜肉、飞禽海味，炒好后切成肉丁，同饭混拌在一起，外皮用生大白菜叶、鲜苏子叶共两层，敷蒜、酱包好了吃。[3]

满族的面食为"饽饽"。品种主要有：萨其马、

---

① 杨锡春：《满族风俗考》，黑龙江人民出版社，1991年版。

② 刘若愚：《酌中志》卷二十《饮食好尚纪略》。

③《一个太监的经历》，载《文史集萃》第6辑，文史资料出版社。

芙蓉糕、绿豆糕、五花糕、卷切糕、风糕、凉糕、豆面卷子、马蹄酥、豌豆黄、牛舌饼、打糕、饊糕、淋浆糕、豆擦糕、油炸糕、镟饼、苏子叶饽饽、菠萝叶饽饽等。①

"饽饽"是用黏米面为主要原料，用炸、烙、蒸，或略用油煎制成②，蘸糖配蜜食用。如叫"飞石黑阿峰"的黏合米糕，掺以豆粉，蘸以蜂蜜，色黄似玉，质腻。③

苏子叶饽饽则是取秫米面用水和成面团，置盆中烫过，取红小豆煮烂，捣泥成馅，用调好的面包上，外裹苏叶④，上屉蒸熟，蘸糖食用。菠萝叶饽饽是用黏大米磨成细面，选上好红豇豆煮烂，搓成泥馅，包成大饺子形，外裹抹好酥油柞树叶，上屉蒸熟，即可食用。⑤

满族传统的饽饽，常常用于保佑全家平安无恙，

---

① 韩耀旗、林乾：《清代满族风情》九。

② 吴振臣：《宁古塔纪略》，《渐学庐丛书》第一集。

③ 杨宾：《柳边纪略》卷之四。

④ 长顺：《吉林通志》卷二七；《舆地志》十五《风俗》。

⑤ 于永敏：《满族药膳与食疗经验》，载《中国少数民族科技史研究》第七辑，1992。

▲（清）贵阳安顺等处补笼苗

或因病因灾的许愿，这唤作"饽饽祭"，上供的饽饽，要根据季节而做，摆完饽饽，全家叩头二遍，撤下饽饽后，将饽饽摆在炕上，全家佐以菜汤，围而食之。^① 由于满族先世主要聚居在气候寒冷的东北，蔬菜食用的季节较短，于是，春天多摘采满语叫作"额穆毗"的柳蒿之类的野菜^②，秋、冬盐浸萝卜、芥菜等各种蔬菜，尤其是腌渍在瓮中留供冬春之需的酸

---

① 吴正格：《清代满族食俗琐谈（下）》，载《中国食品》，1989（4）。
② 徐宗亮：《黑龙江述略》卷六。

白菜，成为满族食俗中一大景观。[①]

酸菜是满族冬季重要的副食品，各家几乎每天都要吃上一两顿。这除了冬季缺少鲜菜外，还因为酸菜腌渍方便，存藏时间长，而且酸菜质地脆嫩，酸味适口，喜油爱腻，可用熬、炖、汆、炒等多种方法制作，做成的菜肴均醇香。

在副食品中，满族还重大酱、蜜饯与乳制品。大酱，可以说是满族家家四时必需之物。[②]满族人喜欢的"家常饭"，往往是：滚热的老米饭，一碟豆儿合芝麻酱[③]，或将小葱、小根菜等蔬菜洗净，直接蘸酱吃。

蜜饯又称蜜渍。其制法是将糖、蜂蜜加少量清水调溶，再将水果放入，至酥烂，糖汁收浓，再风干，即成。如大而红的山楂，就为蜜饯中的佳品。[④]用它可以健脾开胃，消积散滞。

---

① 何刚德：《春明梦录》卷四。
②《民国义县志》，民国二十年十八卷本。
③ 文康：《儿女英雄传》第二十回，人民文学出版社，1983年版。
④《长寿县乡土志》卷九《物产志》。

满族的乳制品，多是牛乳熬成的奶油，俗称
"黄油"，从锅上层取下的奶皮，可食。^①较为考究
的乳制品是以奶油为皮，纯奶油加糖做成的"奶饽
饽"。还有奶截子、奶饼子、奶拌子、奶糕、奶乌
他、奶酪等。

满族菜肴以肉食为主，如大锅肉、特牲、白肉
血肠、全羊等。^②猪、羊肉为其大宗，这从满族最为
隆重的祭神礼中可以看出：请牲，对一猪提耳灌酒，
再杀了。待猪肉熟了，奉俎以献首，跪切细丝，盛
在碗中，配上稗米饭，同供。^③来助祭的亲友，入席
吃肉。^④

在满族家祭中，吃肉则着意衍化成一种对先祖野
外生活崇敬的情思。如烤食，即杀完猪取出内脏，架
枝肉翻烤，然后切块放锅煮熟。祭祀中吃剩的骨头和
肉必须送到高冈上，或撒入江河，也是对先人们游猎

---

① 林佶：《全辽备考》，《辽海丛书》二卷。
② 杨英杰：《清代满族风俗志》第二章。
③ 麟庆：《凝香室鸿雪因缘记》第三集《五福祭神》。
④ 方濬师：《蕉轩随录》卷十一《祭神》。

不易携带食物，现猎现食生活的追忆。[①] 而晚上家祭祖先通常所吃的猪肉炖菜、焖米饭，其源头可上溯到早前满族军队出征前夕所吃晚餐的传统。[②]

喜庆活动中所设的"猪肉会"，则无论认识不认识，若明礼节者均可前往。院中建芦席棚，棚中铺席，席上又铺红毡，毡上设坐垫。客至，席地盘膝坐，庖人将一约十斤重的肉放在一径二尺的铜盘中端上来，还有一满盛肉汁的大铜碗，碗中一大铜勺，每人座前有一径八九寸的小铜盘，再无醯酱作料，大瓷碗装高粱酒，各人捧碗，按序轮饮。

吃肉时，客人自备酱、解手刀等，自片自食。吃得越多主人越高兴，假如客人连呼添肉，主人必再三致谢。假如一盘肉还吃不下去，主人就不照顾了。肉皆白煮，不加盐酱，非常嫩美。有善片肉的，能用小刀割像掌像纸那样大薄，肥瘦兼具。有一连吃三四盘五六盘的，有的主人准备十口猪都不够。[③]

---

① 富育光、孟慧英：《满族萨满教研究》第二章，北京大学出版社，1991年版。

② 潘起：《昔日吉林民间习俗》，吉林省民俗学会，1984年。

③ 坐观老人：《清代野记》卷上。

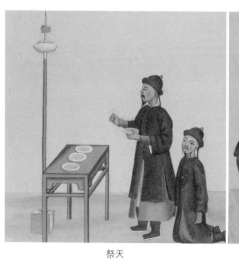

祭天

送祭神肉

▲（清）佚名 祭神仪式 外销画

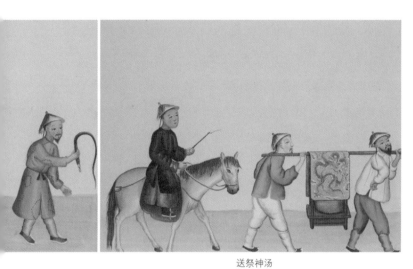

送祭神汤

满族在举行大宴会时，主家男女，必须更迭起舞，一般是举一袖于额，反一袖于背，盘旋作势，这叫"莽势"，其中一人唱歌，众皆用"空齐"二字唱和以此为祝福。

每宴客时，坐客南炕，主人先送烟，次献"奶子茶"，再注酒在杯，放在盘中。若客人年长主人，则长跪用一手送上，客在炕上接受，不回礼，饮毕主人起来；若客人稍年长主人，则跪着饮，饮毕客坐，主人起身。若客人年龄小于主人，则主人站立给客人斟酒，客人跪饮，饮毕起身坐下。

与席少年欲酌同饮者，要与主客献酬。妇女出酌客亦然。不沾唇则罢，沾唇就不能辞掉了。因为妇女多跪不起，不是一杯就可以的。有的客人惧醉告辞，主人不叫妇女出送，妇女出来就不能以醉推辞。

凡饮酒时不吃，饮时在前面设油布，这叫"划单"，即古食单。进特牲时，用解手刀割着吃，食完了，给客人的奴仆，奴仆席地而坐，叩头，对主食不避。[1]

---

[1] 杨宾：《柳边纪略》卷之三。

蒙古族在明清主要从事畜牧业，因而有"逐水草，事畜牧"之说。[1]他们"各有分地，问富强者，数牲畜多寡以对。饥食其肉，渴饮其酪"，"无一不取给于牲畜"。所以，蒙古族也可以说："以肉为食，以牛马乳为酒"[2]，"牲畜之肉为粮饭，潼乳酥酪为肴馐"[3]。

但这并不等于说明清蒙古族不吃五谷杂粮。明代以后，蒙古地区食品中米、面和各种杂粮日渐增多，有些蒙古族人用肉汁煮粥，或用牛奶和面。在漠南及兀良哈三卫地区，食粮比重更大。进入清代，从事农业的蒙古族人专以谷物蔬菜为主食。[4]

他们惯吃的是一种称为"蒙古米"的糜子，其做法是把糜子炓了，把细砂子放在锅里加火烧成高温，然后把糜子放进去炒，炒时发出的声音也很大，拿出

---

① 傅恒：《西域图志》卷三十九。
② 椿园：《西域记》卷五。
③ 王大枢：《西征录》卷三。
④ 张碧波、董国尧：《中国古代北方民族文化史·民族文化卷》第五章《蒙古族文化》。

来再用臼去皮，则成炒米，作为日常的食品①。

蒙古族人民平常度日，还依靠牛、马乳。每天清晨，男女都取乳，先熬茶熟，去掉滓，倾乳煮沸，各啜两碗，晚上也是这样。②蒙古族的奶制品种类也非常多。有白酸油、黄油、奶饼、奶豆腐、奶酪等。奶饼有甜、酸两种，奶皮有干、稀两种。③

其制法是：在夏日草盛牛肥多乳的时候，将牛奶置锅中，微煮，不用滚，待其面结成奶皮。取下二三层，取剩余的倒入缸，用物覆盖，不使透风。约十天，待味酸，再入锅微煮，用匙取浮油，即为黄油，其底即白酸油。

除炒米、奶制品外，蒙古族人还有"一燔肉"必不可少：牛、羊肉用清水略煮，或置牛粪爇火，炙片时，左手持肉，右手用小刀脔割，蘸盐末嚼蒜瓣吃。吃完，用衣代巾，拭手拭口，以衣服上多油腻为荣，

---

① 罗布桑却丹:《蒙古风俗鉴》第二卷，辽宁民族出版社，1988年版。
② 赵翼:《檐曝杂记》卷一《蒙古食酪》。
③ 哈达清格:《塔子沟纪略》卷十二《附余·蒙古风俗》。

意蕴着无日不饱。①

在吃肉中，尊为头等的是以"三牲布呼力"，即牛、羊、猪的后半身为先的吃肉程式：先割九块大小、厚薄相等的肉块，第一块祭天，第二块祭地，第三块供佛，第四块祭鬼，第五块给人，第六块祭山，第七块祭坟墓，第八块祭土地和水神，第九块献给皇帝。②

即使在招待外国使节的隆重宴会上，吃肉也占有相当重要的位置：

宴会上准备了两盘肉，但加工粗糙，半生不熟。还有一大盘全羊，切成一片片的分给各位使臣。另外，在以上两种菜之间还放上了一盘半调制的羊肉，这是按照鞑靼人的习惯做的，盛放在铜盘子里，以款待各位使臣。而其他人吃这种食物时，则是使用一种类似欧洲木盆的器具。同时，还有稻米、酸奶，放有小羊肉片的清汤，及足量的鞑靼茶。这就是宴会的全

---

① 徐珂：《清稗类钞》第十三册《饮食类·蒙人之饮食》。
② 罗布桑却丹：《蒙古风俗鉴》第二卷，辽宁民族出版社，1988年版。

部内容。①

　　而反映在外国使节眼中的蒙古族人的吃肉方式，更使他们十分惊讶：

　　带着惊人的食欲扑向其中一个肉盘，每人一只手拿着一块新鲜肉，一只手拿着刀，不停地切着大块肉，特别是肥肉，他们把肉放在盐水里蘸一下，然后，大口吞下去。②

　　在蒙古族庄重的祭祀仪式中，也充分体现了蒙古族人重肉食的习俗：

　　用雄羊一只，要黑头白身，全白者更好，角大小要匀，不要破鼻耳尾者。前一日，用净水将羊周身洗净。生祭时，将羊牵于神位前面，主祭人将香焚

---

① 耶稣会士、法国在华传教士张诚：《鞑靼旅行记》，康熙二十八年八月八日。
② 耶稣会士、法国在华传教士张诚：《鞑靼旅行记》，康熙二十七年六月十四日。

著，从羊头至尾熏一周，上于炉内。然后将供的生黄米喂羊，略食少许，再将牛乳用匙子在羊角前中间浇灌，羊头摇动，即是领受。然后从左右掏心，就于屋内开采，按分分讫，将周身各分上各割肉一块，不必甚大，用净绳拴在一处，一并煮熟，切丝，匀两碗。供撤下，不许外人吃，名曰"小肉"。祭祀，客至不迎送，吃饭时不用桌椅，用油布单铺于炕上吃。如人多羊不足用，可请羊帮之。[①]

这种以羊为首为主的祭祀食俗，充分体现了蒙古族对肉食推崇备至的程度。这就如同明代以后蒙古族人民对由马乳造成的马奶酒喜好一样。

马奶酒的制法是在皮子缝成的袋子中装上牲乳，将袋口扎紧，日久就酿成味微酢的"挏酒"了。每年四月，马乳新得的时候，蒙古族人民都要为此置筵酬神。长夏的时候，亲朋们还要举办"马乳会"[②]。

明清的蒙古族人民还异常喜欢茶叶。在16世纪

---

① 崇彝：《道咸以来朝野杂记》，石继昌点校抄本。
② 祁韵士：《西陲要略》二十，《小方壶斋舆地丛钞》。

下半叶，蒙古正式向明廷请开茶市。茶成了蒙古族人的主要饮料，并以此待宾客。[1] 在清代，割冷羊肉，就热茶，成了十分甘美的吃喝。[2] 在蒙古部落地区，十斤茶可以换一头牛[3]，中国茶成了宝贝。[4]

蒙古族根据自己的生活条件，创制了脍炙人口的奶茶：先把砖茶捣碎，放进贮有开水的锅里，稍煮片刻，然后加鲜牛奶，用勺子搅拌，使茶奶交融，烧开之后，加一点盐，或把炒米和奶食品放在茶里泡软，边食边饮。[5]

在蒙古族食俗中，礼仪食俗则更显其民族特色：每当有宾客来时，一闻马蹄声，主人便出来接缰下马，然后男西女东，启帘让客，由右进门，坐佛龛下，荐乳茶、乳酒、乳饼，上一种烟叶搓末加麻黄灰制成的"纳什"，即烹羊留客。

---

① 蔡志纯：《蒙古族文化》第十七章，中国社会科学出版社，1993年版。
② 范昭逵：《从西纪略》七，《小方壶斋舆地丛钞》。
③ 李德：《喀尔喀风土记》，《小方壶斋舆地丛钞》。
④ 范照逵：《从西纪略》二，《小方壶斋舆地丛钞》。
⑤ 薛人仰：《蒙藏习俗》第一章《蒙古习俗》，台湾，中华书局。

▲（清）蒙古多穆壶

　　"多穆"意为盛酥油的桶，口沿加僧帽状边，有把和嘴，遂成壶。为蒙古族生活必需器皿

　　假若不认识的人来，必须款待酒食。居住数天，尊敬如初，没有辞客的。若贵人、官长到其家，屠羊为饷，而且要请他们看了，应允了再杀，吃的时候先割羊的头、尾献佛，再饷客人，食毕，家人围坐。这时，全村父老争携酒肉来招待客人，认为贵人到其家，将获此福，并用歌声助兴……①

　　蒙古族这种好客的食俗，和明清时期的维吾尔族是相同的。在清人的笔下就曾展开过维吾尔族日常礼仪食俗的这种画面：

　　宴会以多杀牲畜为敬，驼、牛、马都为上品，羊可以达到数百只，各色瓜果，冰糖，塔儿糖，油香以及烧煮各肉，大饼小点，饤饳蒸饭，装在锡、铜、木器皿中，纷纭前列，听便取食。在宴会间，乐器杂奏，歌舞喧哗。与会者拍手响应，这种节奏要以达到极醉为度，所以有连宵达旦，醉了醒，醒了又醉的。而宴会上的食品，或者分散给人，或者宴会结束时带

---

① 徐珂：《清稗类钞》第十三册《饮食类·新疆蒙人之宴会》。

走，主人才大喜，认为这是尽欢了。①

从这一记述中，还可以看出维吾尔族的饮食是非常丰富的。这是由于新疆地区农业、畜牧兼备。从农业角度来说，"百谷皆有，以小麦为细粮"②。所以，维吾尔族一日三餐，以麦面为主——

一种大径尺余的饼，俗称为"馕"的食物为维吾尔族的常食。馕的制作是用土块砌一深窑，内用细泥抹光，将窑烧红，饼擦盐水，贴在窑内，一会儿就熟了。穷人只吃馕，喝冷水。富人则用糖油和面，煎烙为饼。馄饨则与内地一样。也有用面包羊肉的，像内地的"盒子"，也有用汤煮的切面，还有将面搅入水和匀，像浆子，都用木盘盛，众人围坐，只用一小木勺轮着吃。③

天山南北也种稻，喀什噶尔的南面，便以土产稻

① 满洲七十一：《回疆风土记》二，《西域闻见录》，乾隆本。
② 龚柴：《天山南北路考略》三，《小方壶斋舆地丛钞》。
③ 苏尔德：《回疆志·饮食》。

米闻名。^①"米囊每受四五斗，谓之一帕特玛。"^②这就告诉我们，维吾尔族吃米也较普遍。

在煮米的时候，维吾尔族喜欢将羊肉切细，或加鸡蛋与饭交炒，用油、盐、椒、葱作作料，盛在盘中，用手掇食，这叫"抓饭"。遇喜庆事，用"抓饭"招待客人是最为尊敬的。也可用小米、黄米作干饭，或煮粥下馍。^③

维吾尔族人聚居的村镇，均种植水果，甜瓜、西瓜、葡萄种类甚多，无不佳妙^④。仅哈密瓜就有十几种，绿皮绿瓤而清脆如梨甘芳，哈密瓜可久藏，维吾尔族人又将它唤作"冬瓜"，因它可收贮至次年的二月。^⑤有的地方则以产葡萄为最多，像柳城的"锁子葡萄"，小而甘，无核^⑥，自明代就驰名中外。可以说，维吾尔族一年四季都能吃到新鲜的水果。

比较起来，新疆的蔬菜种植就逊色于水果了，但

---

① 满洲七十一：《新疆纪略》七，《小方壶斋舆地丛钞》。
② 魏源：《勘定回疆记》四，《小方壶斋舆地丛钞》。
③ 王曾翼：《回疆杂述诗》卷三。
④ 满洲七十一：《新疆纪略》三，《西域闻见录》，嘉庆本。
⑤ 满洲七十一：《回疆风土记》三，《小方壶斋舆地丛钞》。
⑥ 《明史·列传》第二七七《西域·一》。

也并非不好，伊犁的白菜就非常脆美，自三月至冬，十月为常馔。[①] 喀城的菜也极佳，只是品种略少，只有蔓菁、芫荽，一种类似内地韭菜的丕牙斯。[②]

在维吾尔族食俗中，酒是最不可缺少的。每当初夏桑葚熟了的时候，便用桑葚酿酒，各家酿作可达数石。然后男女在树荫草地或果木园中聚饮，边歌边舞，彻夜通宵，所有参加者都要喝醉。[③]

桃子熟了也可酿酒，秋深葡萄熟了，也酿酒。还有大麦糜子烧酒，酿时纳果在瓮，覆盖数日，待果烂发后，取以烧酒，一切无须曲蘖，均叫"阿拉克"。磨糜为酒，像米泔似的，微酸，没酒气，也不醉人，叫"色克逊"，维吾尔族人特别喜欢喝，能治痢疾，有奇效。还可用沙枣酿酒。[④]

维吾尔族人最为推崇的酒品是葡萄酒，因成时色绿味醇，假如再蒸再酿，则颜色白而猛烈，性特别热，喝了可以除寒积症状。还有可以温补，久饮不

---

① 洪亮吉：《天山客话》，《续刻北江遗书》。
② 王曾翼：《回疆杂记》，《小方壶斋舆地丛钞》。
③ 满洲七十一：《西域闻见录》卷七。
④ 满洲七十一，《回疆风土记》一，《西域闻见录》，乾隆本。

间，能使人年轻的马乳酒。① 维吾尔族人将酒看得很重，过新年时，只要客人一到，必陈馓饵，佐以烧酒，每家都是这样。②

由于新疆水草不乏③，山峰绵延，这就给维吾尔族人提供了极为丰富的动物食品，如牛羊乳饼、乳豆腐、羊油等。在维吾尔族的宴会上，肉食始终是一大宗美味④，其中包括野驼之类的野生食物。⑤

在维吾尔族食俗中，还有一最突出的现象，那就是宗教食俗色彩，如过年之前一个月即"把斋"，凡男女十岁以上的，都要在黎明后不得饮食，甚者津液也不敢下咽，这才为"善把"。待日落星全，才恣意饮食，但不能饮酒。至次月初一或初二，总以望见如钩的新月，才是开斋过年了。"开斋"一直到夜晚也鼓吹，这天吃的是牛羊肉，喝的是葡萄酒，男女跳舞唱歌，尽欢而散，拜答饮宴，像汉族过元旦似的。⑥

① 肖雄：《西疆杂述诗》卷三，《丛书集成初编·史地类》。
② 纪昀：《乌鲁木齐杂记》三，《小方壶斋舆地丛钞》卷六。
③ 祁韵士：《西域释地》一，《粤雅堂丛书三编》第二十二集。
④ 徐珂：《清稗类钞》第十三册《饮食类·缠回之宴会》。
⑤ 纪昀：《阅微草堂笔记》卷十二《槐西杂志·二》。
⑥ 满洲七十一：《回疆风土记》一。

元旦后数十天，维吾尔族老少男女，又鲜衣修饰，帽上各簪一枝纸花，到城外非常高的地方，妇女登眺，男子驰马校射，又是鼓乐歌舞，饮酒醋眺，一直到日头尽了才散，这叫"努鲁斯"①。在过年期间，维吾尔族还举行"跌交"等体育娱乐比赛，用肉食来下注。②

维吾尔族禁忌猪肉最严，凡是驴、狗、虎、豹肉及牲畜自毙的，不是人宰杀去血干净的，一律不吃。③这是由于维吾尔族信奉伊斯兰教，在日常饮食中遵从"每食必净"的指导思想，并将其鲜明体现在饮食器具上——

油涂漆髹，大小不等，用来盛菜、饭的木碗"酬察克"；盛牛羊乳的木桶"喀剌桑""察喇"；盛饼饵的有足的木盘"和恩"；挹饭面的小木勺"喀淑克"；挹牛羊等肉食的"楚默楚"；作饼的圆木杖"努尔古赤"；盛水和面的木槽"腾纳"；屈木为边，粗布为底，用来除取细的筛子"阿勒噶克"；细柳木

---

① 满洲七十一:《西域闻见录》卷七。
② 肖雄:《西疆杂述诗》卷三。
③ 满洲七十一:《回疆风土记》二,《小方壶斋舆地丛钞》。

编的圆筐，漉水用的"绰里"；薄板做成，长方如案，放在毯上，用来饮食的"塔克塔"。

形状正圆，围七八尺，高七八寸不等，盛牛、马、羊肉的"烈干"；直径一尺左右，深三四寸不等，盛各种饮食物品的红铜圆盘"托古斯密斯塔巴克"；盛果品的红铜小圆盘"塔赫锡"；有盖，旁施两耳，盛饭面乳的红铜罐"库喇"；长口，有柄有盖，用来烹茶的小铜壶"柴珠实"；还有形如小锅，红铜与铁相和做成，用木为盖，上系绳，旁有两耳，用来熬汤、烹茶的"崇楚云噶藏"。

形状长方，用绸缎为表，布为里，放在薄板上，为上客进馔用的"达斯图尔干"；白布做成，两端织红、绿色线，文采缤纷，长四五尺，宽尺余，吃食时用来净洗手面的毛巾"隆吉"；有长口有盖有提，形圆如盆的铜洗手面器"阿布塔巴"……①

这些做工精细、花样甚多的饮食器具，各有各的用途，绝不混淆，充分保证了饮食的清洁、有序，是

---

① 根据傅恒：《钦定西域图志》卷四十二《服物》二《回部饮食之具》综合叙述。

明清维吾尔族良好卫生食俗的缩影。

明清藏族在农牧业方面与维吾尔族差不多，是其主业。[①]"青稞绿麦一望无涯"，"牧马成群，嫩绿丰肥，足资刍秣"。[②] 藏族于"各种类惟藉青稞一物"[③]，人们将它舂过，炒熟，磨粉，储存。出门，都带上二三升，并带上成块酥油及茶叶，携一木碗，饥则熬茶，取青稞粉，用酥油调拌，手搋着吃。这叫"糌粑"[④]。

虽然糌粑是酥酪和炒面[⑤]调水制成[⑥]，但藏族人在庄严的佛事活动中也将它作供品。[⑦] 事实上，藏族人一天只吃一碗糌粑，无不强健多力。这种食俗甚至引起了汉族人的兴趣，便和以酥油，调以蔗糖，加以仿效。如清代管理懋功屯务的吴明府，坚持吃糌粑，虽

① 江应梁：《中国民族史》下册第七编第二章。
② 林俊：《由藏归程记》，《小方壶斋舆地丛钞》。
③ 王我师：《藏炉总纪》，《小方壶斋舆地丛钞》第三帙。
④ 姚莹：《康輶纪行》十，《中复堂全集》同治本。
⑤ 余庆远：《维西见闻记·夷人卷》第三十。
⑥ 龚柴：《西藏纪略》，《小方壶斋舆地丛钞》第三帙。
⑦ 杜昌丁：《藏行纪程·二》，《昭代丛书·幸集别编》。

已五十多岁，可越发精壮。①

除吃糌粑外，藏族人最为喜爱的就是喝茶。其烧茶方式是：茶在锅里煮数十个沸，去掉渣，加乳、酥、盐各一点，再盛在木桶，供大家喝。遇喜庆，藏族人便用麦面、青稞做成饽饽，放在火中炙熟，男女围坐在地上，就着茶吃饽饽。②

一般说来，藏族人每天都要喝五六次糌粑茶。③而一次大规模的寺庙活动，布施的百金，只不过是助茶一费。用大铜锅烧茶要达数百石，可供十余万喇嘛饮用。④

茶之所以受藏族的热衷，是和藏族所处天寒地燥的生态环境有关。在他们的饮食生活中，几乎没有醢、酱、煎、炒，很少吃蔬菜，多吃牛羊肉⑤、牛羊乳⑥、酥油等⑦。这就使腥膻油腻塞满肠胃，必须依靠茶

---

① 李心衡：《金川琐记》卷三《食饘粑益人》。
② 王世睿：《进藏纪程·土俗》，《昭代丛书·丁集新编》。
③ 《同治松潘纪略·夷情记》。
④ 徐瀛：《林纪略》二。
⑤ 《嘉庆四川通志》卷一九六《西域志·徐六》。
⑥ 《嘉庆里塘志略》卷下《杂记》。
⑦ 盛绳祖：《卫藏识略》九，《小方壶斋舆地丛钞》第三帙。

▶糌粑口袋

▶酸奶壶

▲镶银酥油碗

来荡涤。对藏族人来说，"最重之需惟茶""一日无茶则病"，一点也不为过。藏族人甚至到雪山上去找茶，如发现的里塘雪山茶，白色，冰芽云片，气味香辣，喝了能止燥消烦，真是补了《茶经》的缺失。[1]

由于藏族人居住为高寒地区，酒成为藏族人必不可少的饮料。他们主要的饮酒是青稞酿成的青稞酒[2]，淡而微酸，其名为"冲"，客人一到，必须摆上酒。[3]藏族人几乎每天都要饮酒，所以对酒的需求很大。仅察木一地，就有卖酒的商家数十户，日酿青稞

---

[1] 《光绪新设炉霍屯志略·饮食》。

[2] 盛绳祖：《入藏程站》二，《小方壶斋舆地丛钞》第三帙。

[3] 陈登龙：《里塘志略·风俗》。

▲陶制青稞酒壶

酒四五百桶。[①] 藏族人往往是饮后男女相携，沿街笑唱为乐。[②]

酒尤其体现在藏族的婚礼中，可以说，无酒则不能成婚——两家议婚，女家遍招亲友，等男家携酒及哈达来。男家述其子弟行为年岁，女家父母亲友喜允，则饮男家带来的酒。此后虽有男家用茶叶、牛羊肉等为聘礼，但女家若不允，则以不饮男家的酒为表示。

在迎娶时，女家要在门外搭棚，用麦子撒为花，用小几桌列果食糖枣各数盘，最主要的是要用酒、

① 姚莹：《唐辙纪行》二十一，《中复堂全集》同治本。
② 焦应旗：《西藏志·饮食》。

▲西藏扎囊县《桑耶寺图》中的节日庆典场面

茶、米粥与女食。待将女送至男家，要扶女与婿坐饮酒、茶，亲友饮酒，再各携果肉回家。次日，男女父母及亲友都穿华服，项戴哈达，拥新妇绕街游行，凡到亲友门口不入，只饮酒、茶。饮酒则团栾携手，男女趺坐歌唱。像这样的婚礼食俗，一连要举行三天才止。[①]

在藏族食俗中最具有特色的是岁时节令食俗：每当新年，不分贫富，都准备糕点。各家晨宴时，都要跳舞，午后，各家又再举行宴会。新年的酒宴要止于第三天的正午时分。[②] 其中属藏族郡王所举行的宴会水平最高：

或在家或在街道各柳林中，正中铺数层方褥，郡王自坐，前设一二张矮方桌，上摆长约一尺的面果，生熟牛羊肉、藏枣、藏杏、藏核桃、葡萄、冰糖、回回果、焦糖等，各一二盘。焦糖乃是黑糖同酥油熬成的，长尺余，宽三四寸，厚一指。牛羊肉或一腿或一大方，丰厚随着时令的变化而变化。

---

① 盛绳祖：《卫藏识略》六，《小方壶斋舆地丛钞》第三帙。
② 沈宗元：《西藏风俗记》五，《满清野史续编》。

两面铺坐长褥，前设矮桌摆列果食等类，郡王的旁边，噶隆、牒巴等官僚列两行两坐，或两人一席，或一人一席。随从等各自就位席地而坐，每人给果食一大盘。吃的时候一齐吃，先饮油茶，后饮"土巴汤"，再饮奶茶，吃"抓饭"。"抓饭"有黄、白两种，米中放有砂糖、藏杏、藏枣、葡萄、牛羊肉饼等，用盘盛着，手抓着吃，继饮青稞酒。

遇大节会筵，选出十余个出色妇女，戴珠帽，穿彩服，行酒歌唱。又有十数名八九岁、十二三岁小童，穿五色锦衣，戴白色圈帽，腰勒锦条，足系小铃，手执钺斧，前后相接。又设鼓数十面，打鼓者装束也是这样。每进食一巡，妇女、小童便伴以舞蹈，步趋进退与鼓节拍合，有仿古味道。食毕，肉果等各携去不留。宴会上的食物，无论郡王、小民都相同。只有行酒时，妇女童舞、鼓吹，只对郡王，其他人均没有。

宴会时，主人上坐，客至不起立，不迎送。若在主人之上，才让。酒罐上必用酥油捏口上，以为致敬。碗都是自带，吃完了用舌舔。民间宴筵，男女同居、同坐，彼此相敬，一整天歌唱酬答。开始

散去时，男女携手跌坐歌唱，到门外街中歌唱着散去……①

在明代，回族已发展成一个单一的民族共同体②，并形成了一些回族较为集中的地区，如甘肃、宁夏、陕西等。在这些回族较为集中的地区里，物产有稻谷、麦子、黑豆、杏桃、沙枣、萝卜、白菜、西瓜、马驼、牛羊、鸡鹅、白鱼……③

因此，回族多数农牧兼营。他们一般主要食粮为面、米——蒸馍、烙饼、汤面、干饭、稀饭等。特色面食有"油香""馓子"，临夏"酿皮子"。

每逢节庆，每家都要炸"油香"，大多是年老有经验的妇女掌勺，她们要先淋浴净身，以保持"清真"，在和"油香"面时，掺入少量薄荷叶粉，炸出来的"油香"又圆又厚，外焦里嫩，清香爽口。成为馈赠佳品。④

---

① 佚名：《西藏图考》卷六《宴会》，《皇朝藩属舆地丛书》第一集。
② 江应梁：《中国民族史》下册第七编第三章《回族的形成》。
③《嘉靖宁夏新志》卷一《物产》，天一阁藏明代方志选刊本。
④《宣统固原州志》卷十一《轶事志》。

"馓子"是把面粉加少量淡盐水揉和后，搓成绳条，缠绕七圈，抻长成环状，放入热油中，炸至呈棕黄色，捞出即成。

临夏的"酿皮子"：先将面调成稠糊，再加水调成稀糊，加少量盐、碱，舀在酿箩中蒸熟，抹上素油晾凉。吃时切成条，放焯熟晾凉的绿豆芽，调些盐、芥末、芝麻酱、辣椒油作料，味道浓香……①

回族的肉食以羊肉为主，兰州的羊肉就是以价钱便宜闻名的。②烧烤爆涮，别具风味，手抓羊肉，尤脍炙人口：将羔羊切成大块，入笼清蒸至熟，另备盐末、椒面、酱油等，用手持肉蘸盐末等调料吃。③更有所谓"全羊席"，即是用整个羊的各个不同部位，烹制出各种不同品名、不同口味的菜肴来。一桌"全羊席"最少要有四十四个菜，并要突出回族气派，如桌布要用蓝或白布缝上蓝色"清真"两字，菜点上齐后，还要用大盘把整个羊头、羊尾拼摆盘中，在盘外

---

① 鲁克才：《中华民族饮食风俗大观》，世界知识出版社，1992年版。

② 佚名：《兰州风土记》一，《小方壶斋舆地丛钞》。

③ 《宁夏纪要》，民国三十六年铅印本。

撒一圈灰蓝色纸花……这一史实说明，到清代前期，回族食俗已被中国社会所认识和肯定。①

回族喜食羊、牛、骆驼等反刍类偶蹄食草动物，也吃鸡、鸭、鱼。在他们看来，吃生牲良善的食物，可以颐养人的情性。但对许多动物食物的禁忌是很严格的。回族是禁止吃猪的，因"其性贪，其气浊，其心迷，其食秽"。此外，虎"暴恶"、鼠"顽滑"、犬"贪污"、鹰"侵夺"……类似这样的性不纯、食秽污的动物都是不能吃的。②

因此，回族培养起了许多值得称道的良好饮食习惯：他们不吃一切动物的血和自死的动物；不在所用水井、水塘用手取水；不将取水器中的水倒回井和水塘中；不在水井、水塘附近洗涤衣物和蔬菜；不在果树下、水沟旁及河边大小便。③在回族食俗中还明确禁烟、禁酒。④

---

① 张碧波、董国尧：《中国北方民族古代文化史·专题文化卷》，黑龙江人民出版社，1995年版。
② 刘智：《天方典礼》，第18页、第169—171页。
③ 王仲翰：《中国民族史》第六编第三章，中国社会科学出版社，1994年版。
④ 马注：《清真指南》，第361页、第362页。

回族对滋润肌肤、通利诸体的饮料情有独钟。认为饮用水、乳、果浆、花露等，可使人卫生康乐无患。尤其对茶有很多讲究。在明清回族居住区流行的"盖碗茶"已不限于冲泡茶叶，而是掺入红白糖、芝麻、核桃仁、红枣、葡萄干、桂圆、柿饼、枸杞子，制成"八宝茶"，或冲泡清热泻火的冰糖窝窝茶，或冲泡白糖青茶消积化食……

这种把冲泡茶水，当成一种技艺的风气，从明代就开始了，而且回族把茶料的搭配与泡制水平，还推行成为衡量"妇德"的一个重要尺度，发展到清代已成为规范：

闺中以枣、柿、芝麻及杂果堆满着茶叶，奉翁姑及尊客，曰"稠茶"，女筵以为特敬。新妇拜见舅姑，针工外尤重此，多者至百余盏，一盏费数十钱。相传始于明王府，至今不能变。[1]

然而，这仅仅是小礼仪食俗，在大的礼仪中，

---

[1]《嘉庆宁夏府志》，嘉庆三年二十二卷刻本。

回族更是将本民族的食俗通过宗教程式充分地体现。如"开斋节",所谓"斋",就是要戒食、色,谨嗜欲。所以在每年过年的最后一个月,要"闭斋",一月满再"开斋"。

"闭斋"的一个月,要鸡鸣用饭,日落时再吃饭,日中什么也不吃,就是水也不喝。过年这天,回族要先到寺礼拜,总掌教给"油香"吃,再到坟上诵经,到本庄拜年,互吃"油香"、麦仁饭。"开斋"的第七十天,是"小过年",像汉俗的清明。杀羊杀牛,馈送邻里。"闭斋"一月前的十五天,掌教到各家诵经,各家都准备好"油香",供掌教吃。[①] 还有"古尔邦节",则要宰杀牛羊,大肆庆祝。所以这个节日又称"宰牲节""献牲节""大会礼日"。每逢此时,举凡回族人家,都要宰杀牛羊,并将肉分成份,分赠亲朋、贫民,俗称"份儿肉"。这种食俗,寄寓了回族周济同胞,以使全族同欢共乐的思想。

回族的婚姻食俗也是独具特色的:只要女方父母同意后,亲房叔伯也都同意了,便用面、油做成团,

---

① 《循化志》八卷抄本。

▲（清）傅恒等 皇清职贡图之少数民族

用盘盛着，请这些亲属吃，这叫"油交团"。回俗认为吃这个会永无异说，就好像汉族婚书似的。媒人裹着余下的"油交团"到男家，用此来表告这桩婚姻定了。

娶亲的日子，女婿及亲属都到女家户外，环坐地上，尊长朗诵合婚经，女婿跪户外，新妇跪室中。诵毕，女家送"油香"，每人一个，牛肉各一块，即各先归。女家送新妇来婿家，婿家的女眷献

四杯茶，送亲的男眷不入门，环坐野地，婿家用牛肉馍馍、油面疙瘩、馓子慰劳送亲的人。晚上便成亲了……[1]

在少数民族食俗中，还有一种类型表现为相对落后于汉族文明食俗的食俗。形成这种状况的原因很复杂，有地理环境的因素，有长期闭塞的因素，有生产

[1]《甘肃新通志》光绪三十四年修，宣统元年刻一百卷本。

能力滞后的因素……它形成了明清少数民族食俗乐章中一不协调的音符——

苗族抓住鼠雀蚯蚓等动物，烧了攒食。[1] 宰牛割腹取牛肚辄裂破分吃，牛大肠矢，争取吞咽。[2] 将杂鱼肉蛆虫丛喋的"醋菜"，尊为珍美。[3] 用牛马鸡骨和米糁至酸臭，才是最好的。[4]

高山族也喜将捕获的鹿、鱼生食。[5] 鱼肉越是蛆生，气不可闻，高山族越是嗜食如饴，群拥吃尽。[6] 对捕获的禽、兔也是生着吃，而且要腌其脏腹，使蛆生在里边，把这叫作"肉笋"，奉为美馔。[7]

彝族吃猪肉时喜吃生猪肝。[8] 他们常捉鼠雀佐食[9]，而且是生吃。[10] 所以史称彝族人吃生物生虫，特

---

[1] 方亨咸：《苗俗纪闻》，《檀几丛书》二集。
[2] 吴省兰：《楚峒志略》，《艺海珠尘癸集》。
[3] 包汝楫：《南中纪闻》；田汝成：《炎徼纪闻・蛮夷》。
[4] 王韬：《黔苗风俗记》下。
[5] 《重修台湾府志》卷十五《风俗・二》。
[6] 《康熙诸罗县志・风俗志》。
[7] 六十七：《番社采风图考》，《艺海珠尘石集》。
[8] 范守已：《九夷志》。
[9] 《雍正景东府志》卷三《夷民种类》。
[10] 《康熙顺宁府志》卷九《彝俗》。

别犷悍。① 壮族则好吃虫②，喜饮酒，酒至半酣，就是行劫斗狠，也无不愿往。③ 瑶族远出所带米饭，腐坏了也不认为秽，仍然吃。④ 黎族则很少用烹宰法，取牲用箭射死，不去毛，不剖腹，用山柴燎，用刀割食。⑤

至于在少数民族中，吃饭不用筷子⑥，吃肉不求其熟⑦，不吃粮食⑧，如赫哲族只用鱼肉充饥⑨，不择污秽⑩，啜冷咽生⑪，遇野菜及葛根、蛇虫、蜂蚁、蝉、鼠、禽鸟，生吃⑫，已是少数民族食俗中较为普遍的现象。

但是，不能因此而笼统地认为明清少数民族食俗

---

① 《康熙广西府志》卷十一《诸彝考》。
② 张自明：《马关县志》卷二《风俗志·青族琐记》。
③ 屠英：《肇庆府志·舆地十·风俗》。
④ 李来章：《连阳八排风土记》卷三《风俗·瑶俗》。
⑤ 张庆兴：《黎岐纪闻》，《岭海异闻录》。
⑥ 马忠良：《越嶲厅全志》卷十之二《夷俗志》。
⑦ 《康熙永昌府志》卷二十四《种人》。
⑧ 萨英额：《吉林外记》卷八《杂记》。
⑨ 魏声和：《鸡林旧闻录》二。
⑩ 谢肇淛：《滇略》卷九。
⑪ 《嘉庆重修一统志》卷四七一《南宁府·苗蛮》。
⑫ 《康熙云州志》卷五。

落后，只能说，明清少数民族的食俗，有落后的成分，是局部的。在明清少数民族食俗中，有相当多良好的食俗，是可以和具有悠久传统的明清汉族食俗一比高低的。

例如，白族创制的"生皮肉"，是将鲜肉稍加烧烤后，切成丝片，拌上辣子、葱花、生姜、香菜等作料，再洒上花油或芝麻油，食用，使人十分开胃。①白族还将槟榔、香附、橙柑、木瓜、香橼等用蜜渍，做成"蜜饯"。川芎则采嫩芽点茶，清香可口。蚱蜢油炒如虾，或晒炙下酒。这都是作为当时市肆食店的上味。②

又如哈尼族的饮用水方式，他们巧妙运用地形地物——"引水用竹，空其中，百十相连，跨溪越涧，或用搘阁，或架以竿，或垫以石，延缘沟塍，直达厨灶。"③这使哈尼族总是能饮用到不受污染的天然水。而苗族则遵循着：吃完饭，一定要涤朦刷齿④，以保

① 杨慎：《南诏国野史》下卷《南诏各种蛮夷六十条·白民》。
② 释同揆：《洱海丛谈》，《昭代丛书·戊集续编》。
③《嘉庆临安府志》卷二十。
④ 田雯、蒙斋：《黔书》上《苗俗》。

持口腔的洁净。

少数民族的食俗尽管有其相对落后于汉族食俗的一面，但也不乏良好之处。在逐渐向汉族食俗看齐的过程中，少数民族的食俗仍保持着自己的特点和独立性。但从总的方面看，明清少数民族的食俗与汉族食俗的关系，已是你中有我，我中有你，互相渗透。

清道光元年建于北京清水河畔的"外火器营"，就是一处达万人之多的满族聚居区。在这处满族聚居区里，就有面茶、油茶、茶汤、杏仁茶、甜浆粥、酥烧饼……数十种风味食品。很难分清哪是满族食品，哪是汉族食品；哪些食品是汉族人喜欢吃的，哪些食品是满族人喜欢吃的。一满族人以制"酱肉"驰名就是这样一个例子。①

少数民族食俗与汉族食俗互为良性互动的大势，甚至连曲艺形式也都予以了记录。有一唱本说的是：

---

① 赵之平：《记北京的一个满族聚居区》，载《文史资料选辑》第31辑。

▲〔清〕杨柳青年画 新年多吉庆·合家乐安然

　　一满族青年，娶了一位汉族的南方女人。一天，他买来几斤螃蟹。可是不会做，忙了好半天，才把螃蟹收拾了，放在锅里。"蒸又蒸不熟，煮又煮不烂。"多时，揭开锅，又不会吃，"活活急躁杀"。邻舍汉族的"二姨妈"，闻讯赶来，给他们解释：

　　　这个东西名字叫螃蟹！
　　　另有个绝妙的吃手儿好方法。
　　　说着、说着，拿了一个去了脐子，
　　　盖子掀了，去了草牙，
　　　两手一掰递过去，
　　　叫了声："姐夫姐姐尝尝它！"
　　　跌婆夫妻接在手，
　　　将黄儿到口，把嘴一咂。
　　　吃的笑盈盈心中乐，
　　　吃的喜悦笑哈哈……①

　　透过这一满族食俗受汉族食俗影响的、充满睿

_____

①　无名氏：《螃蟹段儿》，《子弟书丛钞》下册。

智的趣事，人们不难触听到明清少数民族食俗正在与汉族食俗互相渗透、互相提携的历史大势的脉搏声……

后记

二十世纪八十年代中期，我应赵荣光教授之邀，"客串"《中国饮馔史》研究写作。

明清饮食自来无史，问题繁杂，遂将明清列一单元，为此我孜孜以求，费时八年，成一专著。后以《明清饮食研究》之名，在台湾以繁体字出版，两次印刷，行销海外。大陆清华大学出版社则以《1368-1840 中国饮食生活》之名，以简体字出版，印刷两次，面向普罗。

两书内容似与《明清饮食》差别不大，其实不然。

笔者为了突出人在饮食活动中的作用，搜集了许多可以与明清饮食历史互相证明的图片资料，并将其布之于清华版的书中，书中某些章节由于有图片的映照而显得灵动起来。

现在，是宋杨女史，将明清饮食最具代表性的食贩图片分门别类，加以勾连，构成了食贩人物绣像长廊，它不仅供人欣赏，更主要的是从食贩出发拉开了一个新的研究方向的帷幕。

　　为使《明清饮食》更加严谨准确，精益求精，责编傅娉细致审核，以文字与图片相得益彰，就此可以说：三版堪称新书，以此书加之二十年检验的二书，标示着明清饮食研究线索大体可寻，一个厚重的研究体系的基石已经显现。我相信，我期待……

伊永文

匆匆写于二〇二二年十二月
防疫之冬夜晚

图书在版编目（CIP）数据

明清饮食：御膳·宴饮·日常食俗 / 伊永文著. —北京：中国工人出版社，2022.12
ISBN 978-7-5008-7878-0

Ⅰ.①明… Ⅱ.①伊… Ⅲ.①饮食－文化－中国－明清时代 Ⅳ.①TS971.202

中国版本图书馆CIP数据核字（2022）第240335号

明清饮食：御膳·宴饮·日常食俗

出 版 人	董　宽
责 任 编 辑	宋　杨
责 任 校 对	赵贵芬
责 任 印 制	黄　丽
出 版 发 行	中国工人出版社
地　　　址	北京市东城区鼓楼外大街45号　邮编：100120
网　　　址	http://www.wp-china.com
电　　　话	（010）62005043（总编室）
	（010）62005039（印制管理中心）
	（010）62379038（社科文艺分社）
发 行 热 线	（010）82029051　62383056
经　　　销	各地书店
印　　　刷	三河市东方印刷有限公司
开　　　本	787毫米×1092毫米　1/32
印　　　张	10.625
字　　　数	165千字
版　　　次	2023年5月第1版　2023年5月第1次印刷
定　　　价	78.00元